스스로 알아서 하는

하루 10분수학

계산편

⑫단계
6학년 2학기 과정

하루10분수학(계산편)의 **소개**

스스로 알아서 하는 하루10분수학으로 공부에 자신감을 가지자!!!
스스로 공부 할 줄 아는 학생이 공부를 잘하게 됩니다.
책상에 앉으면 제일 처음 '하루10분수학'을 펴서 공부해 보세요.
기본적인 수학의 개념과 계산력 훈련은 집중력을 늘리게 되고
이 자신감으로 다른 학습도 하고 싶은 마음이 생길 것입니다.
매일매일 스스로 책상에 앉아서 연습하고 이어서 할 것을 계획하는 버릇이 생기면
비로소 자기주도학습이 몸에 배게 됩니다.

하루10분수학(계산편)의 **활용**

1. 아침 학교 가기 전 집에서 하루를 준비하세요.
2. 등교 후 1교시 수업 전 학교에서 풀고, 수업 준비를 완료하세요.
3. 하교 후 정한 시간에 책상에 앉고 제일 처음 이 교재를 학습하세요.

하루10분수학은 수학의 개념/원리 부분을 스스로 익혀
학교와 학원의 수업에서 이해가 빨리 되도록 돕고, 생각을 더 많이 할 수 있게 해 주는 교재입니다.
'1페이지 10분 100일 +8일 과정' 혹은 '5페이지 20일 속성 과정'으로 이용하도록 구성되어 있습니다.
본문의 오랜지색과 검정색의 조화는 기분을 좋게하고, 집중력을 높이데 많은 도움이 됩니다.

꿈을 향한 나의 목표

나는   (하)고   한

(이)가 될거예요!

공부의 목표

예체능의 목표

생활의 목표

건강의 목표

나의 목표를 꼼꼼히 세우고, 목표를 달성하기위해 노력해요^^

목표를 향한 **나의 실천계획** 으싸 으싸!

💙 **공부**의 목표를 달성하기 위해

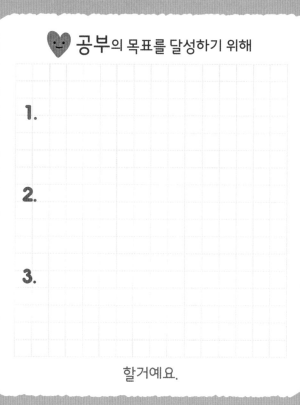

1.

2.

3.

할거예요.

🍎 **예체능**의 목표를 달성하기 위해

1.

2.

3.

할거예요.

🌱 **생활**의 목표를 달성하기 위해

1.

2.

3.

할거예요.

🐤 **건강**의 목표를 달성하기 위해

1.

2.

3.

할거예요.

 나의 목표를 꼼꼼히 세우고, 목표를 달성하기위해 노력해요^^

HAPPY

꿈을 향한 나의 일정표

화이팅!!

월

SUN	MON	TUE	WED	THU	FRI	SAT

메모 하세요!

- ■
- ■
- ■
- ■

월

SUN	MON	TUE	WED	THU	FRI	SAT

메모 하세요!

- ■
- ■
- ■
- ■

SMILE

꿈을 향한 나의 일정표

화이팅!!

월

이달의일정표를 작성해 보세요!

SUN	MON	TUE	WED	THU	FRI	SAT

메모 하세요!

- ■
- ■
- ■
- ■

월

SUN	MON	TUE	WED	THU	FRI	SAT

메모 하세요!

- ■
- ■
- ■
- ■

1일 10분 100일 / 1일 5회 20일 과정

※ 문제를 풀고난 후 틀린 점수를 적고 약한 부분을 확인하세요.

V. 초등수학 총정리 1 (51~75)

VI. 초등수학 총정리 2 (76~100)

VII. 총정리 연습 (8회분)

1. 오늘 공부할 제목을 읽습니다.

2. 개념부분을 가능한 소리내어 읽으면서 이해합니다.

4. 다 풀었으면, 걸린시간을 적습니다. 정확히 풀다보면 빨라져요!!! 시간은 참고만^^

1 수 3개의 계산 (2)

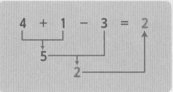

5. 스스로 답을 맞히고, 점수를 써 넣습니다. 틀린 문제는 다시 풀어봅니다.

4+1-3의 계산

사과 4개에서 사과 1개를 더하면 사과 5개가 되고,
5개에서 3개를 빼면 사과는 2개가 됩니다.
이 것을 식으로 4+1-3=2 이라고 씁니다.

4+1-3의 계산은 처음 두개 4+1을 먼저 계산하고, 그 값에
뒤에 있는 -3를 계산하면 됩니다.

$$4 + 1 - 3 = 2$$
$$5$$
$$2$$

※ 여러 개의 식이 붙어 있으면, 처음부터 한개 한개 계산합니다.

위의 내용을 생각해서 아래의 □에 알맞은 수를 적으세요.

3. 개념부분을 참고하여 가능한 소리내어 읽으며 문제를 풉니다. 시작하기전 시계로 시간을 잽니다.

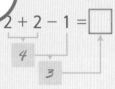

1 $2 + 2 - 1 = \square$
4
3

5 $2 + 3 - 3 = \square$

9 $5 + 2 - 6 = \square$

2 $4 + 3 - 5 = \square$

6 $5 + 2 - 4 = \square$

10 $3 + 4 - 5 = \square$

3 $5 + 4 - 2 = \square$

7 $4 + 1 - 2 = \square$

11 $1 + 6 - 3 = \square$

4 $3 + 0 - 3 = \square$

8 $8 + 1 - 0 = \square$

12 $4 + 6 - 4 = \square$

이어서 나는　　　을(를) 공부/연습할거야!! **05**

6. 모두 끝났으면, 이어서 공부나 연습할 것을 스스로 정하고 실천합니다.

tip 교재를 완전히 펴서 사용해도 잘 뜯어지지 않습니다.

스스로 알아서 하는
하 루 10분 수 학

12단계
6학년 2학기 과정

01 비

연필 **10**개, 지우개 **8**개 있는 것을 **비교** 하기

비 : 두 수를 **비교** 하기 위하여 기호 " **:** "을 사용하여 나타낸 것

뺄셈으로 비교하기

연필 수에서 지우개 수를 **빼면**
10 - 8 = 2 (개)이므로
연필은 지우개보다 2개 더 많습니다.

※ 뺄셈으로 비교는
더 많음을
알 수 있습니다.

나눗셈으로 비교하기

연필 수에서 지우개 수를 **나누면**
10 ÷ 8 = 1.25 이므로
연필은 지우개의 1.25배 입니다.

※ 나눗셈으로 비교는
몇 배인지
알 수 있습니다.

연필 5 개, 지우개 4개의 비	지우개 4 개, 연필 5개의 비
쓰기 → 5 : 4	쓰기 → 4 : 5
읽기 → 5 대 4	읽기 → 4 대 5

※ 두 수를 나눗셈으로 비교할 때 기호 **:** 을 사용합니다.
● 와 ■ 의 비 → ● : ■

5 : 4
읽는 방법

┌ 5 대 4
├ 5 와 4 의 비
├ 4 에 대한 5 의 비
└ 5 의 4 에 대한 비

기호 **:** 의 뒤쪽에 있는
■ 는 비의 기준이 되고
' ■ 에 대한 ' 으로
읽습니다.

아래는 우리학교 6학년 남/여 학생 수입니다.
남/여의 수를 비교하여 보세요.

반	1반	2반	3반
남 학생수	10	15	12
여 학생수	8	10	16

01. 두 수를 비교하는 방법 중
뺄셈으로 비교하면, 더 많음을 알 수 있고,
[   ] 으로 비교하면, 몇 배인지 알 수 있습니다.

02. 뺄셈으로 학생수를 비교하면,
1 반은 남 학생이 여 학생 보다 [   ] 명 많습니다.
2 반은 남 학생이 여 학생 보다 [   ] 명 많습니다.
3 반은 여 학생이 남 학생 보다 [   ] 명 많습니다.

03. 나눗셈으로 학생수를 비교하면,
1 반의 남 학생 수는 여 학생 수의 [   ] 배 입니다.
2 반의 남 학생 수는 여 학생 수의 [   ] 배 입니다.
3 반의 남 학생 수는 여 학생 수의 [   ] 배 입니다.

아래는 "비" 에 대한 내용입니다.
위의 그림을 비로 나타내고, 읽는 방법을 적으세요.

04. 두 수 ● 와 ■ 이 있을때,
● 는 ■ 의 몇 배인지 알아보는 관계를 두 수의 [   ] 라 합니다.

05.
사탕의 수와 **빵**의 수의 **비** → [   ] : [   ]
빵의 수와 **사탕**의 수의 **비** → [   ] : [   ]

06. **7 : 3** 은 ┬ [   ] 대 [   ]
├ [   ] 에 대한 [   ] 의 비
├ [   ] 의 [   ] 에 대한 비
└ [   ] 와 [   ] 의 비 라고 읽습니다.

07. 사과 **4**개 , 귤 **1** 개가 있을때, 귤에 대한 사과의 비는
[   ] : [   ] 이라 쓰고, ┬ [   ] 대 [   ]
├ [   ] 에 대한 [   ] 의 비
├ [   ] 의 [   ] 에 대한 비
└ [   ] 와 [   ] 의 비로 읽습니

02 비율

 소리내 읽기

비율 : 기준량에 대한 비교하는 양의 크기

비율 (기준량에 대한 비교하는 양의 크기) = $\dfrac{\text{비교하는 양}}{\text{기준량}}$

빵에 대한 사탕 수의 비 = 2 : 5

       비교하는 양 기준량

● : ■의 비에서 뒤에 있는 ■를 기준량 이라고 하고, ●를 비교하는 양이라 합니다.

빵에 대한 사탕 수의 비율 = $\dfrac{\text{사탕 (비교하는양)}}{\text{빵 (기준량)}} = \dfrac{2}{5}$

비의 값 : 기준량을 1로 할때의 비율 (비율과 거의 같은 뜻입니다.)

빵 5개에 대한 사탕의 비 = 2 : 5

빵 1개에 대한 사탕의 비 = (2 ÷ 5) : (5 ÷ 5)

       = $\dfrac{2}{5}$: 1

빵에 대한 사탕 수의 비의 값 = $\dfrac{2}{5}$ = 0.4

          분수 소수

소리내 풀기 비를 보고 기준량을 적으세요.

01. 2 : 4 → 기준량 : _____

02. 7 : 9 → 기준량 : _____

03. 껌의 수에 대한 초코릿의 수의 비

      → 기준량 : _____

04. 수학 점수와 영어 점수의 비

      → 기준량 : _____

05. (잠자리의 수) : (나비의 수)

      → 기준량 : _____

06. 남자 수의 여자 수에 대한 비

      → 기준량 : _____

07. 참석한 사람 수에 대한 참석하지 않은 사람 수의 비

      → 기준량 : _____

※ ▲ : ■의 비율 ➡ $\dfrac{▲}{■}$

소리내 풀기 아래는 "비"에 대한 내용입니다.
위의 그림을 비로 나타내고, 읽는 방법을 적으세요.

	비	기준량	비교하는 양	비의 값 (비율)	
				분수	소수
08.	1 : 2				
09.	2 : 1				
10.	4 : 5				
11.	5 : 4				

	비	기준량	비교하는 양	비의 값 (비율)	
				분수	소수
12.	6 대 15				
13.	15 대 6				
14.	100 대 20				
15.	20 대 100				

※ 비율(비의 값)을 분수로 구할때, 분수가 약분이 가능하면 꼭 분수 부분을 약분하여 기약분수로 적어야 합니다.

비례식 : 비율이 같은 두 비를 등호를 사용하여 나타낸 식

1 : 2의 비율 ➡ $\frac{1}{2}$

2 : 4의 비율 ➡ $\frac{2}{4} = \frac{1}{2}$ (약분)

비율이 같습니다.

$\underline{1 : 2 = 2 : 4}$
비례식

이렇게 **1 : 2**의 비율과 **2 : 4**의 비율이 같다는 것을 비례식으로 나타내면 **1 : 2 = 2 : 4** 가 됩니다.

1 : 2의 비에서
1과 **2**를 비의 **항**이라 하고, 앞에 있는 항을 **전항**, 뒤에 있는 항을 **후항**이라 합니다.

1 : 2
전항　후항
└─ 항 ─┘

비례식에서
바깥쪽에 있는 두 항을 **외항**, 안쪽에 있는 두 항을 **내항**이라 합니다.

외항
┌─────────┐
1 : 2 = 3 : 6
　└─── 내항 ───┘

아래는 비와 비례식에 관한 내용입니다. 빈 칸에 알맞은 수나 글을 적으세요.

01. 비율이 같은 두 비를 등식으로 나타낸 식을

------------------ 이라고 합니다.

02. **3 : 4**의 비의 값은 ──이고, **6 : 8**의 비의 값은 ── = ──

이므로, **3 : 4**와 **6 : 8**의 비율은 같습니다.

두 비를 비례식으로 나타내면 ------------------ 이 됩니다.

03. 두 비율을 보고, 비례식으로 나타내세요.

① $\frac{1}{3}_{1:3} = \frac{2}{6}_{2:6}$ ➡ ------------------

② $\frac{5}{11} = \frac{10}{22}$ ➡ ------------------

③ $\frac{8}{18} = \frac{4}{9}$ ➡ ------------------

아래의 비와 비례식을 보고, 전항과 후항, 외항과 내항을 찾아 적으세요.

비	전항	후항
04. 3 : 7		
05. 1 : 5		
06. 15 : 8		
07. 6 : 4		

비례식	내항	외항
08. 2 : 3 = 4 : 6		
09. 5 : 9 = 15 : 27		
10. 1 : 6 = 4 : 24		
11. 21 : 3 = 7 : 1		

※ 비와 비례식에서 항의 이름은 자리에 따라 정해져 있습니다.

아래는 비와 비례식에 관한 내용입니다. 빈 칸에 알맞은 수나 글을 적으세요.

01. 비율이 같은 두 비를 등식으로 나타낸 식을 _____ 이라 합니다.

02. **2 : 1**의 비의 값은 ─── 이고, **4 : 2**의 비의 값은 ─── = ─── 이므로, **2 : 1**와 **4 : 2**의 비율은 같습니다.

두 비를 비례식으로 나타내면 _____ 가 됩니다.

03. 두 비율을 보고, 비례식으로 나타내세요.

① $\dfrac{2}{5} = \dfrac{4}{10}$ ➜ _____
   2:5   4:10

② $\dfrac{1}{4} = \dfrac{2}{8}$ ➜ _____

③ $\dfrac{5}{7} = \dfrac{10}{14}$ ➜ _____

④ $\dfrac{4}{3} = \dfrac{8}{6}$ ➜ _____

⑤ $\dfrac{9}{2} = \dfrac{36}{8}$ ➜ _____

⑥ $\dfrac{15}{3} = \dfrac{5}{1}$ ➜ _____

아래의 비와 비례식을 보고, 전항과 후항, 외항과 내항을 찾아 적으세요.

	비	전항	후항
04.	5 : 9		
05.	7 : 4		
06.	18 : 5		
07.	27 : 6		
08.	3 : 30		
09.	100 : 1		

	비례식	내항	외항
10.	1 : 5 = 4 : 20		
11.	24 : 4 = 12 : 2		
12.	9 : 3 = 3 : 1		
13.	10 : 2 = 100 : 20		
14.	9 : 99 = 1 : 11		
15.	144 : 24 = 6 : 1		

※ 비와 비례식에서 항의 이름은 자리에 따라 정해져 있습니다.

공약수 : 두 수의 **공통**인 **약수**

최대공약수 : 두 수의 **공약수** 중 가장 **큰 수**

8의 약수 : **1, 2, 4, 8**
12의 약수 : **1, 2, 3, 4, 6, 12**

➡ 공약수 : **1, 2, 4** ← 최대공약수 10의
최대공약수 : **4** ──────── 약수와 같습니다.

공배수 : 두 수의 **공통**인 **배수**

최소공배수 : 두 수의 **공배수** 중 가장 **작은 수**

6의 배수 : **6, 12, 18, 24, 30, 36, 42....**
9의 배수 : **9, 18, 27, 36, 45....**

➡ 공배수 : **18, 36, ...** ← 최소공배수 18의
최소공배수 : **18** ──────── 배수와 같습니다.

아래 두 수의 최소공배수와 최대공약수를 구하세요.

01. 4 = ☐2☐ × ☐2☐

12 = ☐2☐ × ☐2☐ × ☐3☐

최대공약수 : ☐2☐ × ☐2☐ = ☐ ☐

최소공배수 : ☐2☐ × ☐2☐ × ☐3☐ = ☐ ☐

02. 9 = ☐ × ☐

12 = ☐ × ☐ × ☐

최대공약수 : ☐ ☐

최소공배수 : ☐ ☐

03. 10 = ☐ × ☐

30 = ☐ × ☐ × ☐

최대공약수 : ☐ ☐

최소공배수 : ☐ ☐

04. 18과 12의 최대공약수 : ☐ ☐

최소공배수 : ☐ ☐

05. 12와 30의 최대공약수 :

최소공배수 :

06. 18과 27의 최대공약수 :

최소공배수 :

※ 두 수를 곱셈식으로 바꾸고,
공통 부분의 값만 곱하면 최대공약수가 되고,
공통 부분과 남은 부분을 곱하면 최소공배수가 됩니다.

※ 두 수를 나눗셈식으로 계산하고,
옆 부분만 곱하면 최대공약수가 되고,
옆과 나머지 부분의 수를 모두 곱하면 최소공배수가 됩니다.

확인 (틀린 문제의 수를 적고, 약한 부분을 보충하세요.)

회차	틀린문제수
01 회	문제
02 회	문제
03 회	문제
04 회	문제
05 회	문제

오답노트 (앞에서 틀린 문제나 기억하고 싶은 문제를 적습니다.)

회	번
문제	풀이

회	번
문제	풀이

회	번
문제	풀이

회	번
문제	풀이

회	번
문제	풀이

생각해보기

앞에서 배운 5회차 내용이 모두 이해 되었나요?

1. 모두 이해되고 자신있다. → 다음 회로 넘어 갑니다.

2. 2~3문제 틀릴 수는 있겠지만 거의 이해한다.
   → 개념부분을 한번 더 읽고 다음 회로 넘어 갑니다.

. 잘 모르는 것 같다.
   → 개념부분과 틀린문제를 한번 더 보고 다음 회로 넘어 갑니다.

공부는 예습보다 복습이 중요합니다.

지금 다 아는 것이라고 해도 잊어버리지 않도록

매일매일 학교나 학원에서 배운 내용을 저녁에 복습하도록 합니다.

0분씩 복습하면 공부에 자신감이 생길거에요!!!

06 비의 성질

비의 성질 1

비의 전항과 후항에 <u>0이 아닌 같은 수를 곱하여도</u> 비율은 같습니다.

×3
1 : 2 = 3 : 6
×3

➔ 앞의 항(전항)에 곱한 수만큼 뒤의 항(후항)에 곱하면, 항상 같은 비율이 됩니다.

➔ 뒤의 항(후항)에 곱한 수만큼 앞의 항(전항)에 곱하면, 항상 같은 비율이 됩니다.

1 : 2 = (1 × 3) : (2 × 3) = 3 : 6
➔ 1 : 2 = 3 : 6

비의 성질 2

비의 전항과 후항에 <u>0이 아닌 같은 수를 나누어도</u> 비율은 같습니다.

÷4
8 : 4 = 2 : 1
÷4

➔ 앞의 항(전항)에 나눈 수만큼 뒤의 항(후항)에 나누면, 항상 같은 비율이 됩니다.

➔ 뒤의 항(후항)에 나눈 수만큼 앞의 항(전항)에 나누면, 항상 같은 비율이 됩니다.

8 : 4 = (8 ÷ 4) : (4 ÷ 4) = 2 : 1
➔ 8 : 4 = 2 : 1

비의 전항과 후항에 0이 아닌 같은 수를 곱하여도 비율은 같습니다. 이것을 이용하여 아래 빈칸을 채우세요.

비의 전항과 후항에 0이 아닌 같은 수를 나누어도 비율은 같습니다. 이것을 이용하여 아래 빈칸을 채우세요.

01. 비의 전항과 후항에 _____를 곱하여도 비율은 같습니다.

06. 비의 전항과 후항에 _____를 나누어도 비율은 같습니다.

02. 3:4 = (3×2) : (4× ☐) = 6: ☐
➔ 3:4 = 6 : ☐

07. 6:3 = (6÷3) : (3÷ ☐) = 2: ☐
➔ 6:3 = 2 : ☐

03. 5:9 = (5× ☐) : (9× 8) = ☐ :72
➔ 5:9 = ☐ :72

08. 12:6 = (12÷ ☐) : (6÷3) = ☐ :2
➔ 12:6 = ☐ :2

04. 3:4 = (3×2) : (4× ☐) =(3×4) : (4× ☐)
➔ 3:4 = 6 : ☐ = 12: ☐

09. 16:8= (16÷2) : (8÷ ☐) =(16÷8) : (8÷ ☐)
➔ 16:8= 8 : ☐ = 2 : ☐

05. 5:9 = (5× ☐) : (9× 8) = (5× ☐) : (9× 10)
➔ 5:9 = ☐ :72 = ☐ :90

10. 6:30 = (6÷ ☐) : (30÷3) =(6÷ ☐) : (30÷6)
➔ 6:30 = ☐ :10 = ☐ :5

※ 비의 각 항에 0을 곱하면 0:0이 되므로, 0을 곱할 수 없습니다.

※ 어떤 수도 0으로 나눌 수 없으므로 비의 각 항을 0으로 나눌 수 없습니다.

07 비의 성질 (연습)

 소리내 풀기 비의 전항과 후항에 0이 아닌 같은 수를 곱하여도 비율은 같습니다. 이것을 이용하여 아래 빈칸을 채우세요.

소리내 풀기 비의 전항과 후항에 0이 아닌 같은 수를 나누어도 비율은 같습니다. 이것을 이용하여 아래 빈칸을 채우세요.

01. 비의 전항과 후항에 _____ 를 곱하여도 비율은 같습니다.

08. 비의 전항과 후항에 _____ 를 나누어도 비율은 같습니다.

02. $1:3 = (1×2):(3× \boxed{}) = 2:\boxed{}$
→ $1:3 = 2:\boxed{}$

09. $8:4 = (8÷2):(4÷ \boxed{}) = 4:\boxed{}$
→ $8:4 = 4:\boxed{}$

03. $6:1 = (6× \boxed{}):(1×8) = \boxed{}:8$
→ $6:1 = \boxed{}:8$

10. $15:9 = (15÷ \boxed{}):(9÷3) = \boxed{}:3$
→ $15:9 = \boxed{}:3$

04. $3:7 = 6:\boxed{} = 9:\boxed{}$

11. $12:36 = 6:\boxed{} = 1:\boxed{}$

05. $15:11 = 30:\boxed{} = 45:\boxed{}$

12. $50:10 = 10:\boxed{} = 5:\boxed{}$

06. $8:5 = \boxed{}:10 = \boxed{}:50$

13. $56:14 = \boxed{}:7 = \boxed{}:2$

07. $20:3 = \boxed{}:12 = \boxed{}:30$

14. $100:25 = \boxed{}:5 = \boxed{}:1$

소수의 비
각 항에 10, 100, 1000,…을 곱하여 자연수의 비로 나타냅니다.

$$0.5 : 0.7 = 5 : 7$$
(×10 / ×10)

➡ 소수 1자리 수인 경우 10을 곱하고 소수 2자리 수인 경우 100을 곱합니다.

분수의 비
각 항에 두 분모의 최소공배수를 곱하여 자연수의 비로 나타냅니다.

$$\frac{2}{3} : \frac{1}{5} = 10 : 3$$
(×15 / ×15)

➡ 분모인 3과 5의 최소공배수인 15를 곱하여 자연수의 비로 나타냅니다.

자연수의 비
각 항에 두 수의 최대공약수로 나누어 자연수의 비로 나타냅니다.

$$21 : 14 = 3 : 2$$
(÷7 / ÷7)

➡ 두 수 21과 14의 최대공약수인 7로 나누어 자연수의 비로 나타냅니다.

아래의 비를 간단한 자연수의 비로 나타내세요.

01. $0.2 : 0.9 = (0.2 \times 10) : (0.9 \times \boxed{}) = \boxed{} : \boxed{}$ ➡ $0.2 : 0.9 = \boxed{} : \boxed{}$

두 항이 모두 소수 1자리 수인 경우 10을 각각 곱해줍니다.

02. $0.05 : 1.04 = (0.05 \times 100) : (1.04 \times \boxed{}) = \boxed{} : \boxed{}$ ➡ $0.05 : 1.04 = \boxed{} : \boxed{}$

03. $0.03 : 2.5 = (0.03 \times 100) : (2.5 \times \boxed{}) = \boxed{} : \boxed{}$ ➡ $0.03 : 2.5 = \boxed{} : \boxed{}$

두 항 중 소수 2자리 수가 있으므로, 100을 각각 곱해줍니다.

04. $\frac{1}{7} : \frac{3}{4} = (\frac{1}{7} \times \boxed{}) : (\frac{2}{4} \times \boxed{}) = 4 : \boxed{}$ ➡ $\frac{1}{7} : \frac{3}{4} = \boxed{} : \boxed{}$

두 항의 분모인 7과 4의 **최소공배수**를 각각 곱해줍니다.

05. $\frac{3}{8} : \frac{1}{6} = (\frac{3}{8} \times \boxed{}) : (\frac{1}{6} \times \boxed{}) = 9 : \boxed{}$ ➡ $\frac{3}{8} : \frac{1}{6} = \boxed{} : \boxed{}$

06. $\frac{2}{5} : \frac{4}{15} = (\frac{2}{5} \times \boxed{}) : (\frac{4}{15} \times \boxed{}) = \boxed{} : 4$ ➡ $\frac{2}{5} : \frac{4}{15} = \boxed{} : \boxed{}$

07. $12 : 3 = (12 \div \boxed{}) : (3 \div \boxed{}) = 4 : \boxed{}$ ➡ $12 : 3 = \boxed{} : \boxed{}$

두 항의 분모인 12와 3의 **최대공약수**를 각각 나눠줍니다.

08. $16 : 20 = (16 \div \boxed{}) : (20 \div \boxed{}) = \boxed{} : 5$ ➡ $16 : 20 = \boxed{} : \boxed{}$

※ 두 항이 더이상 같은 수로 나눠지지 않아야 합니다.
분수에서 분자와 분모를 약분하는 것을 생각해서 간단한 자연수의 비로 만들어 줍니다.

 아래의 비를 간단한 자연수의 비로 나타내세요.

01. $12 : 4 =$

02. $9 : 21 =$

03. $8 : 14 =$

04. $2.1 : 0.7 = 21 : 7 =$

전항과 후항에 10, 100, 1000…을 곱해
자연수의 비로 먼저 만들고 계산합니다.

05. $0.6 : 1.2 =$

06. $0.01 : 4.6 =$

07. $2 : 0.25 =$

08. $0.16 : 3.2 =$

09. $4.9 : 0.07 =$

10. $1.2 : 1.44 =$

11. $\dfrac{1}{3} : \dfrac{1}{2} =$

12. $\dfrac{2}{5} : \dfrac{7}{10} =$

13. $1\dfrac{1}{4} : \dfrac{1}{6} = \dfrac{5}{4} : \dfrac{1}{6} = \dfrac{15}{12} : \dfrac{2}{12} =$

대분수는 **가분수로 고쳐**
계산합니다.

14. $\dfrac{3}{8} : 2\dfrac{3}{5} =$

15. $\dfrac{5}{6} : 0.5 =$

16. $\dfrac{1}{2} : 1.2 = \dfrac{1}{2} : \dfrac{12}{10} = \dfrac{5}{10} : \dfrac{12}{10} =$

소수를 **분수로 고쳐**
계산합니다.

17. $1.3 : \dfrac{2}{5} =$

18. $3.5 : 1\dfrac{2}{5} =$

19. $1\dfrac{1}{4} : 2.4 =$

20. $0.4 : 2\dfrac{5}{6} =$

※ 분수와 소수가 같이 있는 비를 간단한 자연수의 비로 만들기 위해서는
소수를 분수로 바꿔서 계산해도 되고, 분수를 소수로 바꿔서 계산해도 됩니다.
1가지로 통일해서 계산합니다.

10 비례식 (생각문제)

문제) 사과 15개와 수박 5개가 있습니다. 사과와 수박의 비율을 가장 간단한 자연수의 비로 나타내세요.

풀이) 사과의 수 : 수박의 수 = 15 : 5

15와 5의 최대공약수인 5를 전항과 후항에 나누면

3 : 1 이 됩니다.

답) 3 : 1

사과 : 수박 = 15 : 5

🍎🍎🍎🍎🍎
🍎🍎🍎🍎🍎 : 🍉🍉🍉🍉🍉
🍎🍎🍎🍎🍎

3 : 1

 아래의 문제를 풀어보세요.

01. 우리학교 남학생은 **200**명, 여학생의 수는 **180**명 입니다.
남학생과 여학생의 비를 가장 간단한 자연수의 비로 나타내세요.

힌트 : 남학생과 여학생의 비
= 남학생의 수 : 여학생의 수

(풀이 2점
답 1점)

풀이)

답) _____

02. 시장까지의 거리는 **1.5** km이고, 학교까지는 **1.3** km입니다.
시장과 학교까지의 거리를 가장 간단한 자연수의 비로 나타내세요.

(풀이 2점
답 1점)

풀이)

답) _____

03. 우유는 $\frac{2}{5}$ L 있고 주스는 $\frac{3}{10}$ L 있습니다. 우유와 주스의 양의
비를 가장 간단한 자연수의 비로 나타내세요.

(풀이 2점
답 1점)

풀이)

답) _____

04. 내가 문제를 만들어 풀어 봅니다. (비례식)

(문제 2점
풀이 2점
답 2점)

풀이)

답) _____

확인 (틀린 문제의 수를 적고, 약한 부분을 보충하세요.)

회차	틀린문제수
06 회	문제
07 회	문제
08 회	문제
09 회	문제
10 회	문제

생각해보기

앞에서 배운 5회차 내용이 모두 이해 되었나요?

1. 모두 이해되고 자신있다. → 다음 회로 넘어 갑니다.

2. 2~3문제 틀릴 수는 있겠지만 거의 이해한다.
   → 개념부분을 한번 더 읽고 다음 회로 넘어 갑니다.

3. 잘 모르는 것 같다.
   → 개념부분과 틀린문제를 한번 더 보고 다음 회로 넘어 갑니다.

공부는 예습보다 복습이 중요합니다.

지금 다 아는 것이라고 해도 잊어버리지 않도록

매일매일 학교나 학원에서 배운 내용을 저녁에 복습하도록 합니다.

10분씩 복습하면 공부에 자신감이 생길거에요!!!

오답노트 (앞에서 틀린 문제나 기억하고 싶은 문제를 적습니다.)

회	번
문제	풀이

회	번
문제	풀이

회	번
문제	풀이

회	번
문제	풀이

회	번
문제	풀이

11 비례식의 성질

비례식의 성질

비례식에서 **외항의 곱**과 **내항의 곱**은 항상 같습니다.

비례식에서
외항인 2와 6의 곱은
내항인 3과 4의 곱과 같습니다.

■ : ▲ = ★ : ◆
➡ ■ × ◆ = ▲ × ★

외항의 곱 = 내항의 곱이 다른 경우는
비례식이 아닙니다.

비례식의 성질을 이용하여 모르는 값 구하기

(외항의 곱) = (내항의 곱)을 이용하여 모르는 값 구하기

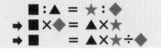

외항의 곱	= 내항의 곱
4 × ■	= 3 × 8
4 × ■	= 24
4 × ■ ÷ 4	= 24 ÷ 4
■	= 6

■ : ▲ = ★ : ◆
➡ ■ × ◆ = ▲ × ★
➡ ■ = ▲ × ★ ÷ ◆

(외항의 곱) = (내항의 곱)의 성질과
등식의 양쪽에 같은 수를 더하거나 빼거나
곱하거나 0이 아닌 수로 나눠도 같다는
2개의 성질을 이용하여 모르는 값을 구할 수 있습니다.

( )안의 알맞은 말에 ○표 하세요.

01. **3 : 4 = 9 : 12** 는

외항의 곱과 내항의 곱의 값이 (같으므로, 다르므로)

비례식이 (맞습니다. 아닙니다.)

02. **10 : 5 = 4 : 3** 은

외항의 곱과 내항의 곱의 값이 (같으므로, 다르므로)

비례식이 (맞습니다. 아닙니다.)

03. **6 : 8 = 12 : 16** 은

외항의 곱과 내항의 곱의 값이 (같으므로, 다르므로)

비례식이 (맞습니다. 아닙니다.)

04. **20 : 25 = 8 : 10** 은

외항의 곱과 내항의 곱의 값이 (같으므로, 다르므로)

비례식이 (맞습니다. 아닙니다.)

05. **7 : 4 = 35 : 24** 는

외항의 곱과 내항의 곱의 값이 (같으므로, 다르므로)

비례식이 (맞습니다. 아닙니다.)

※ 외항의 곱과 내항의 곱이 같으면 비례식입니다.

비례식의 성질을 이용하여 모르는 [ ]를 구하려고
합니다. 풀이과정을 적고, [ ]를 구하세요.

06. **2 : 8 = 4 : [ ]**

외항의 곱 = 내항의 곱   외항의 곱 = 내항의 곱
2 × ■ = 8 × 4   2 × ■ = 8 × 4
2 × ■ ÷ 2 = 8 × 4 ÷ 2   ■ = 8 × 4 ÷ 2
■ =   ■ =

07. **6 : 7 = [ ] : 21**

08. **14 : [ ] = 4 : 6**

09. **[ ] : 4 = 15 : 12**

10. **14 : 21 = [ ] : 6**

※ 전항이나 후항이 얼마나 감소(÷), 증가(×) 했는지 알아보고,
그만큼 나눠주거나, 곱해줘도 구할 수 있지만,
지금은 "외항의 곱은 내항의 곱과 같다" 는 비례식의 성질을 이용하여
값을 구해봅니다.

 ( )안의 알맞은 말에 ○표 하세요.

01. **1 : 8 = 5 : 40** 은

외항의 곱과 내항의 곱의 값이 (같으므로, 다르므로)

비례식이 (맞습니다. 아닙니다.)

02. **12 : 3 = 15 : 4** 는

외항의 곱과 내항의 곱의 값이 (같으므로, 다르므로)

비례식이 (맞습니다. 아닙니다.)

03. **9 : 6 = 3 : 2** 는

외항의 곱과 내항의 곱의 값이 (같으므로, 다르므로)

비례식이 (맞습니다. 아닙니다.)

04. **15 : 50 = 6 : 20** 은

외항의 곱과 내항의 곱의 값이 (같으므로, 다르므로)

비례식이 (맞습니다. 아닙니다.)

05. **8 : 24 = 2 : 6** 은

외항의 곱과 내항의 곱의 값이 (같으므로, 다르므로)

비례식이 (맞습니다. 아닙니다.)

06. **6 : 16 = 12 : 32** 는

외항의 곱과 내항의 곱의 값이 (같으므로, 다르므로)

비례식이 (맞습니다. 아닙니다.)

07. **10 : 4 = 25 : 15** 는

외항의 곱과 내항의 곱의 값이 (같으므로, 다르므로)

비례식이 (맞습니다. 아닙니다.)

 비례식의 성질을 이용하여 모르는 ☐ 를 구하려고 합니다. 풀이과정을 적고, ☐ 를 구하세요.

08. **8 : 4 = 2 :** ☐

09. **5 : 15 =** ☐ **: 30**

10. **21 :** ☐ **= 14 : 4**

11. ☐ **: 27 = 4 : 9**

12. **16 : 6 = 24 :** ☐

13. **9 : 4 =** ☐ **: 12**

14. **20 :** ☐ **= 8 : 10**

13 비례식의 성질 (연습2)

소리내 풀기

비례식의 성질을 이용하여 모르는 ▢ 를 구하려고 합니다. 풀이과정을 적고, ▢ 를 구하세요.

01. $1 : 5 = 3 : $ ▢

02. $8 : 9 = $ ▢ $: 36$

03. $7.2 : $ ▢ $ = 8 : 5$

값이 소수로 나올 수도 있습니다.

04. ▢ $: 1.6 = 10 : 8$

05. $12 : 5 = 0.6 : $ ▢

06. $3 : 4.5 = $ ▢ $: 1.5$

07. $14 : $ ▢ $ = 4 : 6$

08. $2 : 8 = \dfrac{3}{8} : $ ▢

값이 분수로 나올 수도 있습니다.

09. $6 : 7\dfrac{1}{2} = $ ▢ $: 15$

10. $\dfrac{2}{5} : \dfrac{1}{4} = \dfrac{1}{4} : $ ▢

11. ▢ $: 4 = \dfrac{5}{9} : 1\dfrac{1}{3}$

12. $2.1 : \dfrac{7}{12} = 6 : $ ▢

소수를 분수로 바꿔 풀어보세요.

13. ▢ $: 3.6 = \dfrac{1}{3} : 1$

※ 값이 소수나 분수로나올 수도 있습니다.
　문제에 소수가 있으면 값도 소수로, 분수가 있으면 값도 분수로 적는 것이 편합니다.
　소수와 분수가 모두 있으면, 소수를 분수로 바꾸거나, 분수를 소수로 바꿔 풉니다.

비의 성질을 활용하여 문제풀기

① 구하려고 하는 것을 □로 놓습니다.

② 문제의 뜻에 맞게 전항과 후항을 정하고, 비례식을 세운다.

③ 비의 성질을 이용하여 □를 구합니다.

④ 답이 맞는지 검토해 본다.

예시) 귤 3개에 500원입니다. 12개는 얼마입니까?

① □ = 귤 12개의 가격

② 3 : 500 = 12 : □

③ 전항에 4를 곱해야 12가 나오므로, 후항에 4를 곱하면
   2000을 구할 수 있습니다. (암산이나, 12÷3를 하여 4를 구합니다.)

④ 3 : 500 = 12 : 2000 이므로, 귤 12개는 2000원입니다.

아래의 문제를 풀어보세요.

01. 민지는 2시간 동안 청소하면 900원을 받습니다. 3시간 동안 청소를 하면 얼마 받는지 비의 성질을 이용하여 값을 구하세요.

(식 2점
  답 1점)

풀이)

□ = 받는 돈

2 : 900 = 3 : □

전항 2에 1.5를 곱했으므로, 후항 900에 1.5을 곱해주면

1350원을 구할 수 있습니다.

비례식) _____ 답) ____ 원

답을 적을때 단위를 꼭 적습니다.

02. 5분 동안 8km를 달리는 자동차가 있습니다. 같은 빠르기로 64km를 갔다면, 몇 분 동안에 간 것인지 비의 성질을 이용하여 구하세요.

(식 2점
  답 1점)

풀이)

비례식) _____ 답) ____ 분

03. 영란이는 연필 9자루를 2160원에 샀습니다. 같은 연필을 1200원 어치 샀다면, 몇 자루를 산 것인지, 비의 성질을 이용하여 구하세요.

(식 2점
  답 1점)

풀이)

비례식) _____ 답) ____

04. 내가 문제를 만들어 풀어 봅니다. (비의 성질)

풀이)

(문제 2점
  식 2점
  답 2점)

비례식) _____ 답) ____

15 비례식의 활용 (생각문제)

소리내
읽기

비례식의 성질을 **활용**하여 문제풀기

① 구하려고 하는 것을 □로 놓습니다.

② 문제의 뜻에 맞게 전항과 후항을 정하고, 비례식을 세운다.

③ 비례식의 성질을 이용하여 □를 구합니다.

④ 답이 맞는지 검토해 본다.

예시) 사과가 3개에 1000원입니다. 9개는 얼마입니까?

① □ = 사과 9개의 가격

② 3 : 1000 = 9 : □

③ □ = 1000 × 9 / 3 = 3000 ◀ (외항의 곱) = (내항의 곱)

검산) □ = 3000이면, 외항의 곱과 내항의 곱이 9000으로 같으므로 사과 9개는 3000원이 확실합니다.   답) 3000원

소리내
풀기

아래의 문제를 풀어보세요.

01. 동화책의 가로와 세로의 비는 5 : 4입니다. 세로가 20cm라면 가로는 몇 cm인지 비례식의 성질을 이용하여 구하세요.

(식 2점
답 1점)

풀이)

비례식) _____   답) _____ cm

02. 15분 동안 27km를 달리는 자동차가, 같은 빠르기로 $10\frac{4}{5}$km를 갔다면, 몇 분 동안 간 것인지 비례식의 성질을 이용하여 구하세요.

문제에 소수가 있으면 답을 소수로   (식 2점
적고, 분수가 있으면 답을 분수로   답 1점)
적는 것이 편합니다.
(소수로 적든, 분수로 적든 값이 맞으면 정답입니다.)

풀이)

비례식) _____   답) _____

03. 바닷물 4L를 증발시켜 소금 46g을 얻었습니다. 5L를 증발시키면 소금 몇 g을 얻는지, 비의 성질을 이용하여 구하세요.

(식 2점
답 1점)

풀이)

비례식) _____   답) _____

04. 내가 문제를 만들어 풀어 봅니다. (소수의 나눗셈)

(문제 2점
식 2점
답 2점)

풀이)

비례식) _____   답) _____

확인 (틀린 문제의 수를 적고, 약한 부분을 보충하세요.)

회차	틀린문제수
11 회	문제
12 회	문제
13 회	문제
14 회	문제
15 회	문제

오답노트 (앞에서 틀린 문제나 기억하고 싶은 문제를 적습니다.)

회	번
문제	풀이

회	번
문제	풀이

회	번
문제	풀이

회	번
문제	풀이

회	번
문제	풀이

생각해보기

앞에서 배운 5회차 내용이 모두 이해 되었나요?

1. 모두 이해되고 자신있다. → 다음 회로 넘어 갑니다.

2. 2~3문제 틀릴 수는 있겠지만 거의 이해한다.
   → 개념부분을 한번 더 읽고 다음 회로 넘어 갑니다.

3. 잘 모르는 것 같다.
   → 개념부분과 틀린문제를 한번 더 보고 다음 회로 넘어 갑니다.

공부는 예습보다 복습이 중요합니다.

지금 다 아는 것이라고 해도 잊어버리지 않도록

매일매일 학교나 학원에서 배운 내용을 저녁에 복습하도록 합니다.

10분씩 복습하면 공부에 자신감이 생길거에요!!!

16 비례배분

소리내 읽기

비례배분 : 전체를 주어진 비로 배분하는 것 (나누는 것)

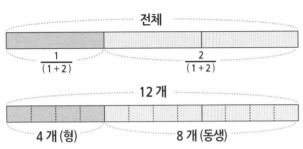

사과 12개를 형과 동생이 1 : 2 로 나누어 가지기

전체

$\frac{1}{(1+2)}$ $\frac{2}{(1+2)}$

12 개

4 개 (형)   8 개 (동생)

전체를 3등분(1+2)하고,
1 : 2 로 나누어 가지는 것이므로,
형과 동생은 $\frac{1}{3}$: $\frac{2}{3}$ 로 나누어
가지면 되므로,
전체 12개를 4개 : 8개로
나눠가지면 됩니다.

비례배분하기

$$전항의 수 = 전체 \times \frac{전항}{(전항 + 후항)}$$

$$후항의 수 = 전체 \times \frac{후항}{(전항 + 후항)}$$

형 : 전체 중 $\frac{1}{1+2}$ 을 가지므로,

$12 \times \frac{1}{3} = 4$개를 가지게 되고,

동생 : 전체 중 $\frac{2}{1+2}$ 를 가지므로,

$12 \times \frac{2}{3} = 8$개를 가지면 됩니다.

소리내 풀기

아래는 "비례배분"에 대한 문제입니다.
빈 칸에 알맞은 글이나 수를 써 넣으세요

01. 아래는 형과 동생이 **1:2**로 나누어 가지는 것을
비로 나타낸 표입니다. 빈 칸을 채우세요.

형	1	2	3	4	5	
동생	2	4	6	8		12
전체	3	6			15	18

02. 위의 표를 보면, 사과 **18**개를 형과 동생이 **1 : 2** 로 나눠
가지면 형은 _____ 개, 동생은 _____ 개 가지면 된다는 것을
알 수 있습니다.
이렇게 비에 관한 표를 만들어 비례배분 할 수도 있습니다.

03. **2 : 3**으로 나눠 가진다는 의미는
5개 중 **2**개와 **3**개, **10**개라면 _____ 개와 _____ 개로
나눠 가진다는 의미 입니다.

04. 비례배분을 할 때에는 주어진 비의 전항과 후항의 _____ 을
(합 / 곱)
분모로 하는 분수의 비로 고쳐서 개산하면 편합니다.

소리내 풀기

아래는 분수를 이용한 "비례배분"에 대한 내용입니다.
빈 칸에 알맞은 글이나 수를 써 넣으세요

05. 민지와 정희는 **14**개를 **4 : 3** 으로 나눠 가지려고 합니다.

민지는 전체의 $\frac{4}{4+3} = \frac{4}{7}$ 를,

정희는 전체의 $\frac{3}{4+3} = \frac{3}{7}$ 을 가지면 됩니다.

그러므로 민지 = $14 \times \frac{4}{7} = 8$ 개,

정희 = _____ $\times \frac{3}{7}$ = _____ 개를 가지면 됩니다.

06. **8**을 **1 : 3**으로 나눠 가지기

전항 = $8 \times \frac{1}{1+3} = 8 \times$ _____ = _____

후항 = _____ $\times$ _____ = _____ $\times$ _____ = _____

07. 전항과 후항의 합을 분모로 하는 분수의 비로 바꿔 보세요.

① **5 : 1** = _____ : _____

② **2 : 7** = _____ : _____

③ **8 : 3** = _____ : _____

④ **1 : 6** = _____ : _____

⑤ **9 : 5** = _____ : _____

⑥ **13 : 4** = _____ : _____

 아래는 "비례배분"에 대한 문제입니다. 빈 칸에 알맞은 글이나 수를 써 넣으세요

01. 전항과 후항의 합을 분모로 하는 분수의 비로 바꿔 보세요.

① 1 : 2 =   :

② 4 : 3 =   :

③ 2 : 5 =   :

④ 6 : 1 =   :

⑤ 9 : 4 =   :

⑥ 3 : 7 =   :

⑦ 8 : 9 =   :

⑧ 12 : 5 =   :

⑨ 9 : 13 =   :

⑩ 21 : 4 =   :

02. 4개를 1 : 3으로 나눠 가지려면

전항 =   ×   =   ×   =

후항 =   ×   =   ×   =

_____ 개, _____ 개로 나눠가지면 됩니다.

03. 6개를 2 : 1 로 나눠 가지려면

전항 =   ×   =   ×   =

후항 =   ×   =   ×   =

_____ 개, _____ 개로 나눠가지면 됩니다.

04. 15개를 1 : 4로 나눠 가지려면

전항 =   ×   =   ×   =

후항 =   ×   =   ×   =

_____ 개, _____ 개로 나눠가지면 됩니다.

05. 8개를 1 : 1 로 나눠 가지려면

전항 =   ×   =   ×   =

후항 =   ×   =   ×   =

_____ 개, _____ 개로 나눠가지면 됩니다.

06. 20개를 3 : 2로 나눠 가지려면

전항 =   ×   =   ×   =

후항 =   ×   =   ×   =

_____ 개, _____ 개로 나눠가지면 됩니다.

07. 30개를 5 : 1 로 나눠 가지려면

전항 =   ×   =   ×   =

후항 =   ×   =   ×   =

_____ 개, _____ 개로 나눠가지면 됩니다.

08. 24개를 3 : 5로 나눠 가지려면

전항 =   ×   =   ×   =

후항 =   ×   =   ×   =

_____ 개, _____ 개로 나눠가지면 됩니다.

18 비례배분 (연습2)

 소리내 풀기 아래는 "비례배분"에 대한 문제입니다. 빈 칸에 알맞은 글이나 수를 써 넣으세요

01. 전항과 후항의 합을 분모로 하는 분수의 비로 바꿔 보세요.

① $2 : 1 =$ ____ : ____   ⑥ $1 : 1 =$ ____ : ____

② $5 : 2 =$ ____ : ____   ⑦ $3 : 8 =$ ____ : ____

③ $7 : 1 =$ ____ : ____   ⑧ $14 : 9 =$ ____ : ____

④ $3 : 4 =$ ____ : ____   ⑨ $2 : 15 =$ ____ : ____

⑤ $6 : 5 =$ ____ : ____   ⑩ $12 : 13 =$ ____ : ____

02. 6개를 $2 : 1$ 로 나눠 가지려면

전항 = ____ × ____ = ____ × ____ = ____

후항 = ____ × ____ = ____ × ____ = ____

____ 개, ____ 개로 나눠가지면 됩니다.

03. 21개를 $5 : 2$ 로 나눠 가지려면

전항 = ____ × ____ = ____ × ____ = ____

후항 = ____ × ____ = ____ × ____ = ____

____ 개, ____ 개로 나눠가지면 됩니다.

04. 32개를 $7 : 1$ 로 나눠 가지려면

전항 = ____ × ____ = ____ × ____ = ____

후항 = ____ × ____ = ____ × ____ = ____

____ 개, ____ 개로 나눠가지면 됩니다.

05. 12개를 $3 : 1$ 로 나눠 가지려면

전항 = ____ × ____ = ____ × ____ = ____

후항 = ____ × ____ = ____ × ____ = ____

____ 개, ____ 개로 나눠가지면 됩니다.

06. 60개를 $1 : 11$ 로 나눠 가지려면

전항 = ____ × ____ = ____ × ____ = ____

후항 = ____ × ____ = ____ × ____ = ____

____ 개, ____ 개로 나눠가지면 됩니다.

07. 99개를 $7 : 2$ 로 나눠 가지려면

전항 = ____ × ____ = ____ × ____ = ____

후항 = ____ × ____ = ____ × ____ = ____

____ 개, ____ 개로 나눠가지면 됩니다.

08. 100개를 $2 : 3$ 으로 나눠 가지려면

전항 = ____ × ____ = ____ × ____ = ____

후항 = ____ × ____ = ____ × ____ = ____

____ 개, ____ 개로 나눠가지면 됩니다.

문제) 길이가 **45** cm인 색 테이프를 민체와 정희가 **4 : 5** 로 나눠 가지기로 했습니다. 민체는 몇 cm를 가질까요?

풀이) 전체 길이 = **45** cm   민체 : 정희 = **4 : 5** = $\frac{4}{9} : \frac{5}{9}$

민체 = 전체 길이 × 민체의 비율 이므로

식은 $45 \times \frac{4}{9}$ 이고, 값은 **20** 입니다.

식) $45 \times \frac{4}{9}$ 답) **20 cm**

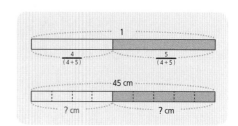

아래의 문제를 풀어보세요.

01. **20**개를 **2:3**으로 배분하려고 합니다. 많이 배분한 쪽은 몇 개를 배분해야 할까요?

(식 2점 답 1점)

풀이)

식) _____   답) _____ 개

02. 미지는 밤 **4kg**을 따고, 준희는 밤 **6kg**을 따서 모두 **3000**원에 팔았습니다. 미지와 준희는 밤을 판 돈을 얼마씩 나눠야 할까요?

일한 만큼 똑같이 나눠갖기로 했습니다.^^ (가로 2점 세로 2점)

풀이)

식) _____   답) _____

답을 적을때 단위를 꼭 적어야 합니다. 안 적으면 틀린 답입니다.

03. 집에서 우체국까지의 거리와 우체국과 학교까지의 거리의 비는 **5:6**이라고 합니다. 집에서 학교까지의 거리가 **1320m**일때, 집에서 우체국까지의 거리는 몇 m 일까요?

(식 2점 답 1점)

풀이)

식) _____   답) _____

04. 내가 문제를 만들어 풀어 봅니다. (비례배분)

풀이)

문제 2점 (식 2점 답 2점)

식) _____   답) _____

20 비례배분 (생각문제2)

소리내 읽기

문제) 15000원 짜리 장난감을 사려고 합니다. 나와 동생이 2:1로 나누어 내려고 합니다. 나는 얼마를 내야 할까요?

풀이) 전체 금액 = **15000** 원   나 : 동생 = 2 : 1 = $\frac{2}{3}$: $\frac{1}{3}$

나 = 전체 금액 × 내가 낼 비율 이므로

식은 $15000 \times \frac{2}{3}$ 이고, 값은 **10000** 입니다.

식) $15000 \times \frac{2}{3}$ 답) **10000** 원

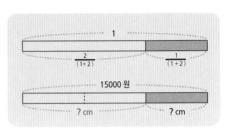

소리내 풀기

아래의 문제를 풀어보세요.

01. 16L의 물로 식빵과 호빵을 만들려고 합니다. 식빵과 호빵에 필요한 물이 1:3이라면, 식빵에 사용할 물은 얼마나 될까요?

풀이)
(식 2점
  답 1점)

식) _____   답) _____ L

02. 축구장의 가로와 세로의 비는 3:2입니다. 축구장 둘레의 길이가 300m일때, 가로와 세로의 길이는 몇 m일까요?

힌트 : 축구장 둘레의 길이 = (가로+세로) × 2
가로 + 세로 = 축구장 둘레의 길이 ÷ 2
(가로 2점
  세로 2점)

풀이)

가로) _____   세로) _____

답을 적을때 단위를 꼭 확인해서 적습니다.

03. 색종이 45장을 각 모둠의 학생 수의 비에 따라 나누어 주려고 합니다. 남학생 모둠은 8명, 여학생 모둠은 7명 이라면, 남학생 모둠에는 색종이 몇 장을 줘야 할까요?

풀이)
(식 2점
  답 1점)

식) _____   답) _____

04. 내가 문제를 만들어 풀어 봅니다. (소수의 나눗셈)

풀이)
(문제 2점
  식 2점
  답 2점)

식) _____   답) _____

확인 (틀린 문제의 수를 적고, 약한 부분을 보충하세요.)

회차	틀린문제수
16 회	문제
17 회	문제
18 회	문제
19 회	문제
20 회	문제

오답노트 (앞에서 틀린 문제나 기억하고 싶은 문제를 적습니다.)

회	번
문제	풀이

회	번
문제	풀이

회	번
문제	풀이

회	번
문제	풀이

회	번
문제	풀이

생각해보기

앞에서 배운 5회차 내용이 모두 이해 되었나요?

1. 모두 이해되고 자신있다. → 다음 회로 넘어 갑니다.

2. 2~3문제 틀릴 수는 있겠지만 거의 이해한다.
  → 개념부분을 한번 더 읽고 다음 회로 넘어 갑니다.

3. 잘 모르는 것 같다.
  → 개념부분과 틀린문제를 한번 더 보고 다음 회로 넘어 갑니다.

공부는 예습보다 복습이 중요합니다.

지금 다 아는 것이라고 해도 잊어버리지 않도록

매일매일 학교나 학원에서 배운 내용을 저녁에 복습하도록 합니다.

10분씩 복습하면 공부에 자신감이 생길거에요!!!

21 막대 그래프

막대그래프 : 조사한 수를 막대로 나타낸 그래프

우리 반 학생 중 좋아하는 과일을 나타낸 표

과일	사과	딸기	수박	감	합계
학생 수 (명)	6	9	5	2	22

표를 막대그래프로 나타내기

표를 보고, 막대로 표시하면 막대그래프가 됩니다.

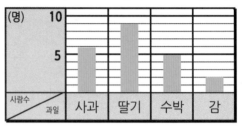

우리 반 학생 중 좋아하는 과일을 나타낸 막대그래프

아래는 표와 막대그래프의 특징을 이야기 한 것입니다. 빈 칸에 알맞은 글을 적으세요. (다 푼후 2번 읽어 봅니다.)

01. 알고 싶은 주제를 정해 자료를 조사하고, 분류하여 수를 숫자로 표시한 것을 ☐ 라고 하고, 조사한 수를 막대로 표시한 것을 ☐ 라고 합니다.

02. ☐ 는 많고 적음을 숫자로 나타내므로, 조사한 수량과 합계를 알아보기 쉽습니다.

03. ☐ 는 항목별 수량이 많으면 막대가 길고, 적으면 길이가 짧게 표시함으로, 많고 적음을 한 눈에 비교하기 쉽습니다.

04. ☐ 는 조사한 수량을 위로 올라가게 표시할 수도 있고, 옆으로 길게 표시할 수도 있습니다.

☐ 는 조사한 수량만을 나타내고, 합계는 표시하지 않습니다. 합계는 ☐ 에만 나타납니다.

아래의 표를 보고, 막대그래프로 나타내려고 합니다. 막대 그래프를 완성하세요.

05. 우리반 학생들의 좋아하는 계절

계절	봄	여름	가을	겨울	합계
학생 수 (명)	5	3	7	9	24

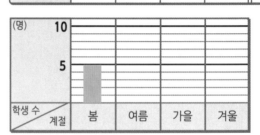

06. 옆반 학생들이 좋아하는 스포츠

스포츠	야구	축구	수영	줄넘기	합계
학생 수 (명)	4	8	3	6	21

꺾은선그래프 : 점으로 찍고 선으로 연결한 그래프

식물의 키를 매월 조사한 표 (매월 1일 조사)

월	3월	4월	5월	6월
높이 (cm)	1	2	8	10

표를 꺾은선 그래프로 나타내기

조사한 수에 점을 찍고 점끼리 선으로 연결하면 꺾은선그래프가 됩니다.

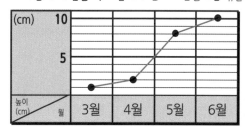

꺾은선 그래프는 변화하는 모양과 정도를 알기 쉽고, 조사하지 않은 중간값을 예상할 수 있습니다.

아래는 꺾은선 그래프의 특징을 이야기 한 것 입니다 빈 칸에 알맞은 글을 적으세요. (다 푼후 2번 읽어 봅니다.)

아래의 표를 보고, 꺾은선그래프를 완성하고 물음에 답하세요.

01. 조사한 수를 점으로 찍고, 그 점 들을 선분으로 연결하여

나타낸 그래프를 [   ]라고 합니다.

02. [   ] 로 알 수 있는 것은

① 가장 큰 값과 가장 작은 값을 한눈에 볼 수 있고,

② 늘어나고 있는 때와 줄어드는 때의 변화를 알 수 있고,

③ 구간과 구간 사이의 중간값을 알 수 있고,

④ 변화가 심한 부분과 심하지 않은 부분을 알기 쉽습니다.

03. 꺾은선 그래프에서

① 가장 높이 있는 점이 가장 큰 값이고,

가장 낮게 있는 점이 가장 [   ] 값입니다.

② 선이 위로 올라가면 늘어나는 것이고,

선이 내려가면 [   ] 드는 것입니다.

③ 중간값을 모르더라도, 양 옆의 점을 연결하면 [   ]

을 어림할 수 있습니다.

④ 급격하게 내려가거나 올라가면 변화가 심한 부분입니다.

04. 교실의 온도 변화 (매시간 정각에 조사)

시간	12시	1시	2시	3시	4시
온도 (°C)	20	23	29	25	23

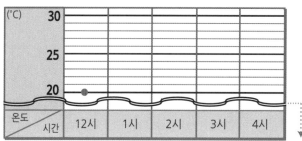

필요없는 부분은 물결선으로 생략했습니다.

① 가장 높이 올라간 온도는 [   ] 도이고,

가장 낮은 온도는 [   ] 도 입니다.

② 온도가 [   ] 시 부터 [   ] 시 까지는 올라가고 있고,

[   ] 시 부터 [   ] 시 까지는 내려가고 있습니다.

③ 12시와 2시의 중간인 1시의 값을 모르더라도 21과 29의

중간쯤의 온도일 것으로 예상할 수 있습니다. (중간값 알기)

④ 선이 급격하게 오르고 있는 [   ] 시 부터 [   ] 시의

변화가 가장 심한 부분입니다.

23 막대그래프와 꺾은선그래프

막대그래프의 특징

(명)10
5
사랑수/과일 사과 딸기 수감 감

① 각 부분의 상대적인 크기를 비교
② 수치의 크기를 정확히 나타냄
③ 많고 적음을 한눈에 알기 쉬움

| 막대그래프가 적합한 조사 : 좋아하는 것, 사람별, 색깔별 조사 | ➡ | 시간의 연속성이 없는 조사 |

꺾은선그래프의 특징

(cm)10
5
높이(cm)/월 3월 4월 5월 6월

① 시간에 따른 연속적인 변화를 비교
② 늘어나고 줄어듦을 알기 쉬움
③ 조사하지 않은 중간값도 예상가능

| 꺾은선그래프가 적합한 조사 : 일별 식물의 크기, 나의 월별 키조사 | ➡ | 시간의 연속성이 있는 조사 |

 아래는 표와 그래프의 특징을 이야기 한 것 입니다.
빈 칸에 알맞은 글을 적으세요. (다 푼후 2번 읽어 봅니다)

01. 알고 싶은 주제를 정해 자료를 조사하고, 분류하여 수를

숫자로 표시한 것을 [　　] 라고 하고, 조사한 수를 막대로

표시한 것을 [　　　　　　] 라고 하고, 조사한 수를

점으로 찍고, 그 점 들을 선분으로 연결하여 나타낸 그래프를

[　　　　　　] 라고 합니다.

02. 막대그래프는 ① 각 부분의 [　　　　　] 를 비교

하는 데 편리하고 ② [　　　　　] 를 정확히 나타내고,

③ 조사한 값이 [　　　　] 을 한눈에 알기 쉽습니다.

03. 꺾은선그래프는 ① [　　　] 에 따른 연속적인 변화를 비교

하는 데 편리하고 ② [　　　　　] 을 알기 쉽고,

③ 조사하지 않은 [　　　] 도 예상할 수 있습니다.

04. 막대그래프로 만들지 꺾은선그래프로 만들지 결정할 때

가장 중요한 것은 [　　] 의 [　　　　] 입니다.

아래의 표를 막대그래프로 먼저 나타내고,
그 위에 꺾은선그래프를 완성하고, 물음에 답하세요.

05. 년도별 우리학교 학생수 (매년 3월 5일 조사)

년도	2012	2013	2014	2015	2016
학생수 (명)	590	550	520	510	520

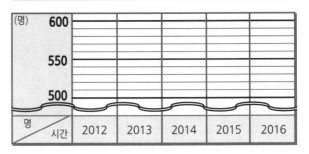

(명)	600				
	550				
	500				
명 / 시간	2012	2013	2014	2015	2016

① 우리 학교 학생이 가장 많을 때는 [　　　　] 년도이고,

가장 작을 때는 [　　　] 년도입니다.

② 전년보다 가장 많이 줄어든 년도는 [　　　] 년도입니다

③ 우리학교 학생수는 [　　　　] 년도 까지 계속 줄다가,

[　　　　] 년도에 조금 늘었다는 것을 알 수 있습니다.

④ [　　　　] 년 부터는 학생수의 변화가 적은 것을 알 수

있습니다. 그러므로 2017년 학생수도 변화가 [　　] 것

으로 예상할 수 있습니다.

(적을 / 많을)

띠그래프 : 전체에 대한 각 부분의 비율을 띠 모양으로 나타낸 그래프

우리 반 학생 중 좋아하는 색을 나타낸 표

과일	파란색	노란색	주황색	초록색	합계
학생 수 (명)	4	2	8	6	20
백분율 (%)	① 20	10	40	30	② 100

띠그래프 그리기

① 전체의 크기에 대한 각 항목이 차지하는 백분율을 구합니다.
② 각 항목의 백분율의 합계가 100%가 되는지 확인합니다.
③ 각 항목들이 차지하는 백분율만큼 띠를 나눕니다.
④ 나눈 띠 위에 각 항목의 명칭을 쓰고, 백분율의 크기를 씁니다.

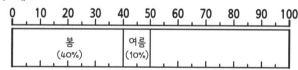

아래는 표와 띠그래프의 특징을 이야기 한 것 입니다. 빈 칸에 알맞은 글을 적으세요. (다 푼후 2번 읽어 봅니다.)

01. 알고 싶은 주제를 정해 자료를 조사하고, 분류하여 수를 숫자로 표시한 것을 [   ]라고 하고, 조사한 수를 띠 모양 으로 표시한 것을 [   ]라고 합니다.

02. [   ]는 많고 적음을 숫자로 나타내므로, 조사한 수량과 합계를 알아보기 쉽습니다.

03. [   ]는 전체 중 차지하는 비율이 많으면 띠가 길고, 적으면 띠가 짧게 표시되므로, 각 항목이 차지하는 비율을 한눈에 알아보기 쉽습니다.

04. 백분율은 (각 항목의 수) 를 (전체 합계)로 나누고 100을 곱하 여 나타낸 것으로 식으로는 아래와 같이 나타낼 수 있습니다.

$$백분율 = \frac{각\ 항목의\ 수}{\qquad} \times \qquad$$

아래의 표를 보고, 띠그래프로 나타내려고 합니다. 빈칸을 채우고, 띠그래프를 그려보세요.

05. 우리반 학생들의 좋아하는 계절

계절	봄	여름	가을	겨울	합계
학생 수 (명)	4	1	3	2	10
백분율 (%)	40	10			

가을의 백분율 $= \frac{3}{10} \times 100 =$ [   ]

겨울의 백분율 $= \frac{2}{10} \times 100 =$ [   ]

백분율의 합계

띠그래프

0 10 20 30 40 50 60 70 80 90 100

| 봄 (40%) | 여름 (10%) | |

06. 옆반 학생들이 좋아하는 운동 종목

운동 종목	야구	축구	수영	줄넘기	합계
학생 수 (명)	9	12	3	6	30
백분율 (%)					

띠그래프

0 10 20 30 40 50 60 70 80 90 100

25 원 그래프

원그래프 : 전체에 대한 각 부분의 비율을 원 모양으로 나타낸 그래프

우리 반 학생 중 좋아하는 색을 나타낸 표

과일	파란색	노란색	주황색	초록색	합계
학생 수 (명)	4	2	8	6	20
백분율 (%)	① 20	10	40	30	② 100

원그래프 그리기

① 전체의 크기에 대한 각 항목이 차지하는 백분율을 구합니다.
② 각 항목의 백분율의 합계가 100%가 되는지 확인합니다.
③ 각 항목들이 차지하는 백분율만큼 원를 나눕니다.
④ 나눈 부분 위에 각 항목의 명칭을 쓰고, 백분율의 크기를 씁니다.

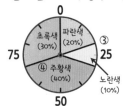

띠그래프는 줄을 100등분하여 나타내고,
원그래프는 원의 중심을 따라
각을 100등분한 것입니다.

아래는 표와 원그래프의 특징을 이야기 한 것입니다. 빈 칸에 알맞은 글을 적으세요. (다 푼후 2번 읽어 봅니다.)

01. 표를 보고, 조사한 수를 원 모양 으로 나타낸 그래프를

　　　　　　　　　라고 합니다.

02. 　　　　　　　는 전체 중

차지하는 비율이 많으면 원에서 차지하는 부분이 많고,

차지하는 비율이 적으면 원에서 차지하는 부분이 적으므로,

각 항목이 차지하는 비율을 한눈에 알아보기 쉽습니다.

03. 백분율은 (각 항목의 수) 를 (전체 합계)로 나누고 100을 곱하

여 나타낸 것으로 식으로는 아래와 같이 나타낼 수 있습니다.

$$백분율 = \frac{각\ 항목의\ 수}{　　} \times 　　$$

04. 원그래프를 만들때 조사한 수를 백분율로 바꿔 만들고,

백분율로 만든 값을 모두 더하면 　　　 이 되어야 합니다.

100 / 1000 / 10000

아래의 표를 보고, 원그래프로 나타내려고 합니다. 빈칸을 채우고, 원그래프를 그려보세요.

05. 우리반 학생들의 좋아하는 과일

표
계절	사과	귤	딸기	포도	합계
학생 수 (명)	2	10	2	6	20
백분율 (%)	10	50			

딸기의 백분율 = $\frac{2}{20} \times 100 = $ 　　　

백분율의 합계

포도의 백분율 = $\frac{6}{20} \times 100 = $ 　　　

원그래프
0
75 ─ ● ─ 25
50

06. 옆반 학생들의 혈액형

표
운동 종목	A	B	AB	O	합계
학생 수 (명)	5	8	2	5	20
백분율 (%)					

원그래프
0
75 ─ ● ─ 25
50

※ 원그래프와 띠그래프 모두 표로 된 조사내용을 한눈에 이해하기 쉽도록 표현하는 방법입니다.

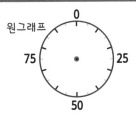

확인 (틀린 문제의 수를 적고, 약한 부분을 보충하세요.)

회차	틀린문제수
21 회	문제
22 회	문제
23 회	문제
24 회	문제
25 회	문제

생각해보기

앞에서 배운 5회차 내용이 모두 이해 되었나요?

1. 모두 이해되고 자신있다. → 다음 회로 넘어 갑니다.

2. 2~3문제 틀릴 수는 있겠지만 거의 이해한다.
    → 개념부분을 한번 더 읽고 다음 회로 넘어 갑니다.

3. 잘 모르는 것 같다.
    → 개념부분과 틀린문제를 한번 더 보고 다음 회로 넘어 갑니다.

공부는 예습보다 복습이 중요합니다.

지금 다 아는 것이라고 해도 잊어버리지 않도록

매일매일 학교나 학원에서 배운 내용을 저녁에 복습하도록 합니다.

10분씩 복습하면 공부에 자신감이 생길거에요!!!

오답노트 (앞에서 틀린 문제나 기억하고 싶은 문제를 적습니다.)

회		번
문제		풀이

회		번
문제		풀이

회		번
문제		풀이

회		번
문제		풀이

회		번
문제		풀이

26 쌓기나무의 수

각 자리의 수로 쌓기나무의 수 구하기

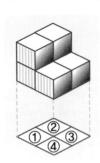

각 자리에 쌓인 쌓기나무의 수를 더해 구합니다.
①번 자리 = 2개
②번 자리 = 2개
③번 자리 = 1개
④번 자리 = 1개

➡ 2 + 2 + 1 + 1 = 6

※ 각 자리의 수로 구하기 위해서는 바닥면의 모양을 보고, 각 그려야 합니다.
보는 각도에 따라 보이지 않는 쌓기나무가 있을 수 있습니다.

각 층별로 나눠 쌓기나무의 수 구하기

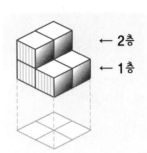

각 층에 쌓인 쌓기나무의 수로 구합니다.
← 2층
← 1층

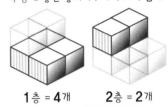

1층 = 4개   2층 = 2개

➡ 4 + 2 = 6

※ 각 층별로 구할 때도 바닥면(1층)의 모양을 보고 수를 구하고,
2,3층 순으로 나누어 구하면, 쉽게 전체의 수를 구할 수 있습니다.

각 자리에 쌓인 쌓기나무의 수를 구하는 방법으로
아래 문제를 풀어보세요.

01.

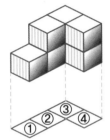

각 자리에 쌓인 쌓기나무의 수
①번 자리 : ____ 개, ②번 자리 : ____ 개,
③번 자리 : ____ 개, ④번 자리 : ____ 개,
옆과 같은 모양을 만들기 위해 필요한
쌓기나무는 ____ 개 입니다.

02.

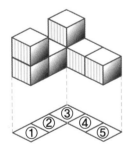

각 자리에 쌓인 쌓기나무의 수는
①번 자리 : ____ 개, ②번 자리 : ____ 개,
③번 자리 : ____ 개, ④번 자리 : ____ 개,
⑤번 자리 : ____ 개이므로,
옆의 쌓기나무는 모두 ____ 개 입니다.

03.

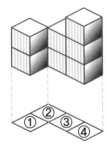

각 자리에 쌓인 쌓기나무의 수는
①번 자리 : ____ 개, ②번 자리 : ____ 개,
③번 자리 : ____ 개, ④번 자리 : ____ 개,
옆의 쌓기나무는 모두 ____ 개 입니다.

각 층에 쌓인 쌓기나무의 수를 구하는 방법으로
아래 문제를 풀어보세요.

04.

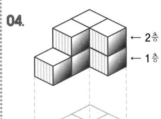

← 2층
← 1층

각 층에 쌓인 쌓기나무의 수는
1층 : ____ 개, 2층 : ____ 개이므로
옆과 같은 모양을 만들기 위해 필요한
쌓기나무는 ____ 개 입니다.

05.

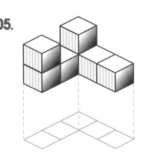

각 층에 쌓인 쌓기나무의 수는
1층 : ____ 개, 2층 : ____ 개이므로
옆과 같은 모양을 만들기 위해 필요한
쌓기나무는 ____ 개 입니다.

06.

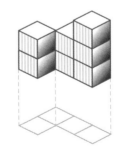

각 층에 쌓인 쌓기나무의 수는
1층 : ____ 개, 2층 : ____ 개,
3층 : ____ 개이므로
옆의 쌓기나무는 ____ 개 입니다.

※ 모든 쌓기나무 문제는 보이지 않는 곳이 있기 때문에
꼭 바닥면의 모양을 알려줍니다. 이 바닥면을 잘 보고 값을 구합니다.

월 일
분 초

8 문제 중
문제 맞았어!

 각 자리에 있는 쌓기나무의 수를 헤아려 구하는 방법으로
문제의 모양을 만들기 위해 필요한 쌓기나무 수를 구하세요.

 각 층의 쌓기나무 수를 헤아려 구하는 방법으로
문제와 똑같은 모양을 만들기 위해 필요한 쌓기나무 수를 구하세요.

01.

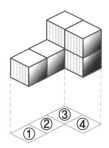

각 자리에 쌓인 쌓기나무의 수 =

①번 자리 : ___개, ②번 자리 : ___개,

③번 자리 : ___개, ④번 자리 : ___개.

옆과 같은 모양을 만들기 위해

쌓기나무는 ___개 필요합니다.

05.

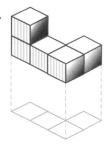

각 층에 쌓인 쌓기나무의 수 =

1층 : ___개, 2층 : ___개.

옆과 같은 모양을 만들기 위해

쌓기나무는 ___개 필요합니다.

02.

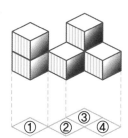

①번 자리 : ___개, ②번 자리 : ___개,

③번 자리 : ___개, ④번 자리 : ___개

이므로,

옆과 같은 모양을 만들기 위해

쌓기나무는 ___개 필요합니다.

06.

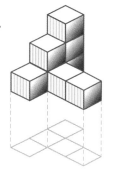

1층 : ___개, 2층 : ___개,

3층 : ___개 이므로

옆의 쌓기나무는 ___개 입니다.

03.

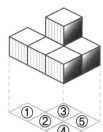

각 자리의 쌓기나무 수는

①번 자리 : ___개, ②번 자리 : ___개,

③번 자리 : ___개, ④번 자리 : ___개,

⑤번 자리 : ___개 이므로,

옆의 쌓기나무는 모두 ___개 입니다.

07.

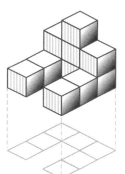

옆에 있는 쌓기나무의 수를

각 층별로 헤아려 구하면

1층 : ___개, 2층 : ___개,

3층 : ___개 이므로

옆의 쌓기나무는 모두 ___개 입니다.

04.

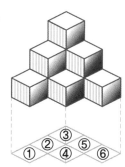

각 자리에 쌓인 쌓기나무의 수는

①번 = ___개, ②번 = ___개,

③번 = ___개, ④번 = ___개,

⑤번 = ___개, ⑥번 = ___개 이므로

옆의 쌓기나무는 모두 ___개 입니다.

08.

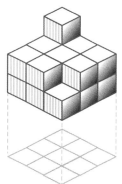

각 층에 쌓인 쌓기나무의 수는

1층 : ___개, 2층 : ___개,

3층 : ___개이므로

옆의 쌓기나무는 ___개 입니다.

※ 모든 쌓기나무 문제는 보이지 않는 곳이 있기 때문에
꼭 바닥면의 모양을 알려줍니다. 이 바닥면을 잘 보고 값을 구합니다.

28 쌓기나무의 수 (연습2)

소리내 풀기 각 자리에 있는 쌓기나무의 수를 헤아려 구하는 방법으로
문제의 모양을 만들기 위해 필요한 쌓기나무 수를 구하세요.

소리내 풀기 각 층의 쌓기나무 수를 헤아려 구하는 방법으로
문제와 똑같은 모양을 만들기 위해 필요한 쌓기나무 수를 구하세요.

01.

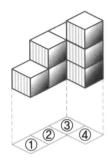

각 자리에 쌓인 쌓기나무의 수 =

①번 자리 : .... 개, ②번 자리 : .... 개,

③번 자리 : .... 개, ④번 자리 : .... 개.

옆과 같은 모양을 만들기 위해

쌓기나무는 .... 개 필요합니다.

05.

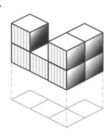

각 층에 쌓인 쌓기나무의 수 =

1층 : .... 개, 2층 : .... 개.

옆과 같은 모양을 만들기 위해

쌓기나무는 .... 개 필요합니다.

02.

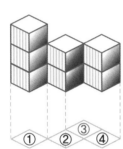

①번 자리 : .... 개, ②번 자리 : .... 개,

③번 자리 : .... 개, ④번 자리 : .... 개

이므로,

옆과 같은 모양을 만들기 위해

쌓기나무는 .... 개 필요합니다.

06.

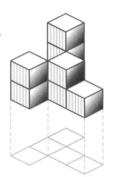

1층 : .... 개, 2층 : .... 개,

3층 : .... 개 이므로

옆의 쌓기나무는 .... 개 입니다.

03.

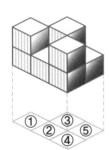

각 자리의 쌓기나무 수는

①번 자리 : .... 개, ②번 자리 : .... 개,

③번 자리 : .... 개, ④번 자리 : .... 개,

⑤번 자리 : .... 개 이므로,

옆의 쌓기나무는 모두 .... 개 입니다.

07.

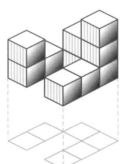

옆에 있는 쌓기나무의 수를

각 층별로 헤아려 구하면

1층 : .... 개, 2층 : .... 개,

3층 : .... 개 이므로

옆의 쌓기나무는 모두 .... 개 입니다.

04.

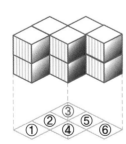

각 자리에 쌓인 쌓기나무의 수는

①번 = ... 개, ②번 = ... 개,

③번 = ... 개, ④번 = ... 개,

⑤번 = ... 개, ⑥번 = ... 개 이므로

옆의 쌓기나무는 모두 .... 개 입니다.

08.

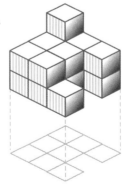

각 층에 쌓인 쌓기나무의 수는

1층 : .... 개, 2층 : .... 개,

3층 : .... 개이므로

옆의 쌓기나무는 .... 개 입니다.

※ 모든 쌓기나무 문제는 보이지 않는 곳이 있기 때문에
꼭 바닥면의 모양을 알려줍니다. 이 바닥면을 잘 보고 값을 구합니다.

위, 앞, 옆에서 본 모양 그리기

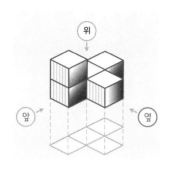

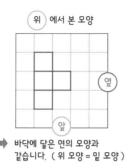

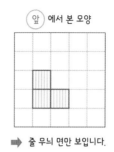

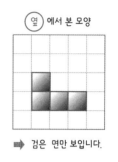

➡ 바닥에 닿은 면의 모양과 같습니다. (위 모양 = 밑 모양)

➡ 줄 무늬 면만 보입니다.

➡ 검은 면만 보입니다.

쌓기나무를 보고 위, 앞, 옆에서 본 모양을 그려 보세요.

01.

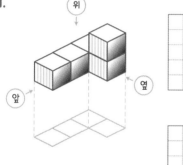

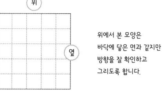

위에서 본 모양은
바닥에 닿은 면과 같지만
방향을 잘 확인하고
그리도록 합니다.

03.

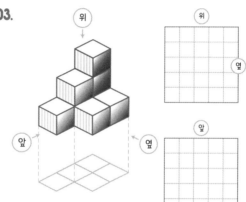

02.

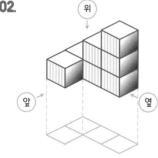

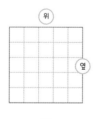

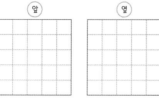

04.

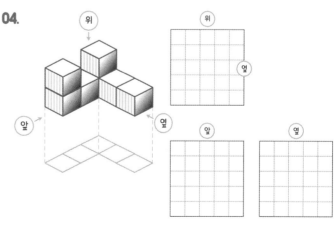

※ 여기서는 쌓기나무의 옆면과 앞면의 색을 구분하기 쉽도록 색을 칠해 놓았습니다. 다른 문제에서는 색이 없을 수도 있습니다.

소리내
풀기

쌓기나무를 보고 위, 앞, 옆에서 본 모양을 그려 보세요.

01.

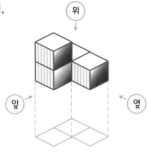
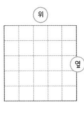
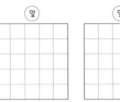

위에서 본 모양은
바닥에 닿은 면과 같지만
방향을 잘 확인하고
그리도록 합니다.

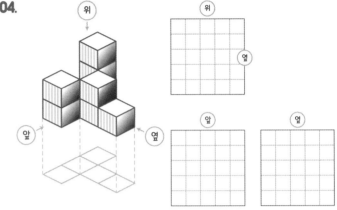

02.

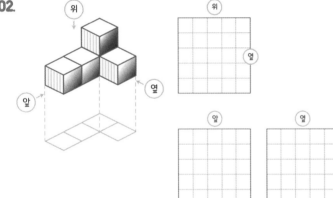

03.

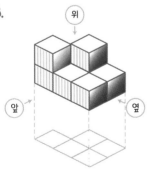
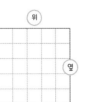
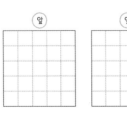

04.

05.

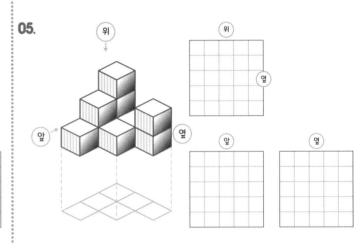

06.

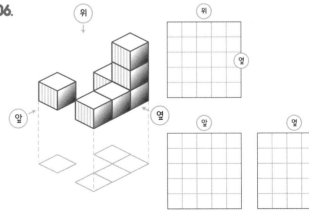

확인 (틀린 문제의 수를 적고, 약한 부분을 보충하세요.)

회차	틀린문제수
26 회	문제
27 회	문제
28 회	문제
29 회	문제
30 회	문제

생각해보기

앞에서 배운 5회차 내용이 모두 이해 되었나요?

1. 모두 이해되고 자신있다. → 다음 회로 넘어 갑니다.

2. 2~3문제 틀릴 수는 있겠지만 거의 이해한다.
   → 개념부분을 한번 더 읽고 다음 회로 넘어 갑니다.

3. 잘 모르는 것 같다.
   → 개념부분과 틀린문제를 한번 더 보고 다음 회로 넘어 갑니다.

틀린 문제가 있었다면 왜 틀렸을거라고 생각합니까?

1. 개념 설명이 어려워서 잘 모르겠다.   2. 다 아는데 실수한 것 같다.

3. 빨리 끝내고 싶어서 집중할 수가 없다.   4. 하기 싫어서....

오답노트 (앞에서 틀린 문제나 기억하고 싶은 문제를 적습니다.)

회	번
문제	풀이

회	번
문제	풀이

회	번
문제	풀이

회	번
문제	풀이

회	번
문제	풀이

각 자리에 쌓아 올린 쌓기나무의 수를 보고, 앞, 옆에서 본 모양 그리기

 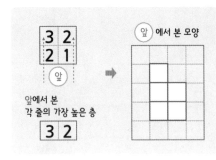 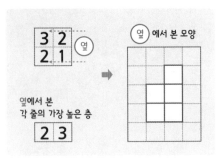 

위에서 보았을때 각 자리에 쌓아올린 쌓기나무의 수를 보고 앞, 옆에서 본 모양을 그려 보세요.

01.

02.

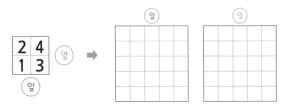

03.

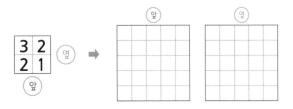

04.

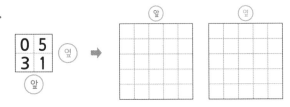

05.

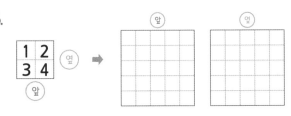

06.

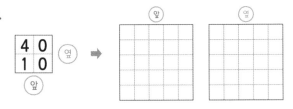

※ 답을 그릴때, 밑에 붙여서 그려도 되고, 중간에 그려도 됩니다. 쌓기나무의 개수만 맞으면 바른 답 입니다.

32 쌓기나무의 모양 (연습2)

소리내 풀기

위에서 보았을때 각 자리에 쌓아올린 쌓기나무의 수를 보고 앞, 옆에서 본 모양을 그려 보세요.

01.
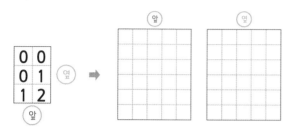

02.
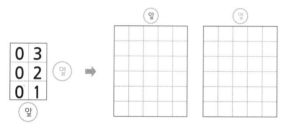

03.
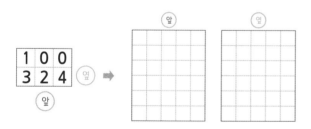

04.
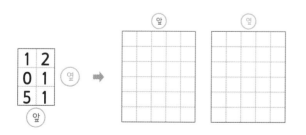

05.
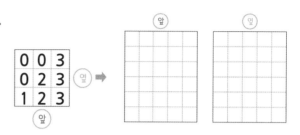

06.
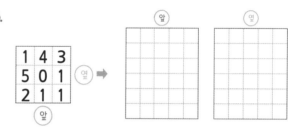

07.
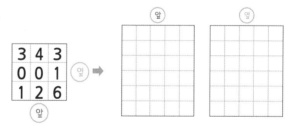

08.
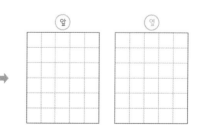

※ 답을 그릴때, 밑에 붙여서 그려도 되고, 중간에 그려도 됩니다. 쌓기나무 모양이 맞으면 바른 답 입니다.

33 각기둥

소리내 읽기

각기둥 : 위아래에 있는 면이 서로 평행하고 합동인 다각형으로 이루어진 입체도형

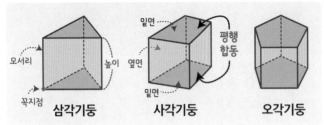

삼각기둥   사각기둥   오각기둥

각기둥의 특징

① 위와 아래에 있는 면(밑면)이 서로 평행합니다.

② 위와 아래에 있는 면(밑면)이 서로 합동입니다.

③ 위와 아래에 있는 면(밑면)이 다각형입니다.

④ 각 기둥의 이름은 밑면의 모양에 따라 결정됩니다.

밑면의 모양 : 삼각형 → 삼각기둥, 오각형 → 오각기둥

각기둥의 **전개도** (모서리를 잘라 펼쳐 놓은 그림)

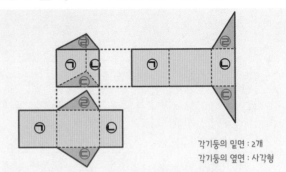

각기둥의 밑면 : 2개
각기둥의 옆면 : 사각형

① 어떤 모서리를 자르는 가에 따라 모양이 달라집니다.

② 잘리지 않은 모서리는 점선, 잘린 모서리는 실선으로 그립니다.

③ 두 밑면은 합동이 되도록 (모양과 크기가 같도록) 그립니다.

④ 한 밑면의 변의 수와 옆면의 수는 같습니다. (3각형 → 옆면 3개)

⑤ 전개도를 접었을 때 서로 맞닿는 선분의 길이를 같게 그립니다.

⑥ 전개도를 접었을때 서로 겹치는 면이 없게 그립니다.

소리내 풀기

아래는 각기둥의 성질을 이야기 한 것입니다.
빈 칸에 알맞은 글을 적으세요. (다 푼후 2번 읽어 봅니다.)

01. 평면이나 곡면으로 둘러싸여 있는 도형을 입체도형이라고

합니다. 그 중, 위와 아래의 면이 서로 평행하고, 합동인

입체도형을 [   ]이라고 하고, 밑면의 모양에 따라

삼각기둥, 사각기둥, 오각기둥,...... 이라고 합니다.

02. 각기둥의 구성요소 5가지는

[   ] : 서로 만나지 않는 두 면 (평행하고, 합동임)

[   ] : 밑면에 수직인 면 (사각형)

[   ] : 면과 면이 만나는 선

[   ] : 모서리와 모서리가 만나는 점

[   ] : 두 밑면 사이의 거리

입니다.

소리내 풀기

아래는 각기둥의 전개도에 대해 이야기 한 것입니다.
빈 칸에 알맞은 글을 적으세요. (다 푼후 2번 읽어 봅니다.)

03. 어떤 도형의 모서리를 잘라 펼쳐 놓은 것을 [   ]라 하

잘리는 모서리는 [ ] 선으로 표시하고, 잘리지 않는 모서리
실 / 점

[ ] 선으로 표시합니다. 전개도는 어떻게 자르냐에 따라
실 / 점

모양이 [   ]로 나올 수 있습니다.
여러가지 / 한가지

04. 각기둥의 전개도를 그릴때 (아래와 밑에 있는) 밑면의 모양과
같 / 다르

크기를 [ ]도록 그리고, 옆면은 맞닿는 면의 길이와 같은

길이로 [   ] 모양이 되도록 그립니다.
삼각형 / 사각형

각기둥의 옆면의 높이는 각기둥의 높이와 [ ] 으므로,
같 / 다르

옆면의 모서리를 각기둥의 높이라고도 합니다.

※ 원은 다각형이 아니기 때문에 원기둥은 각기둥이 아닙니다. 그냥 원기둥입니다.

각뿔 : 밑면이 다각형이고, 옆면이 삼각형인 입체도형

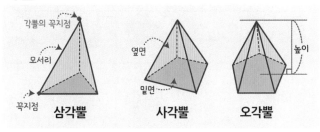

각뿔의 꼭지점
모서리
옆면
밑면
높이
꼭지점
삼각뿔   **사각뿔**   **오각뿔**

각기둥의 특징

① 아래에 있는 면(밑면)이 다각형입니다.

② 밑면과 연결된 옆면은 모두 삼각형입니다.

③ 옆면이 모두 만나는 점을 각뿔의 꼭지점이라고 합니다.

④ 각뿔의 이름은 밑면의 모양에 따라 결정됩니다.

밑면의 모양 : 삼각형 → 삼각뿔, 오각형 → 오각뿔

각뿔의 전개도 (모서리를 잘라 펼쳐 놓은 그림)

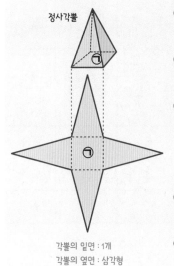

정사각뿔
㉠

각뿔의 밑면 : 1개
각뿔의 옆면 : 삼각형

① 어떤 모서리를 자르는 가에 따라 모양이 달라집니다.

② 잘리지 않은 모서리는 점선, 잘린 모서리는 실선으로 그립니다.

③ 각뿔의 밑면은 1개 입니다.

각뿔의 밑면의 변의 수와 옆면의 수는 같습니다.
(4각형 → 옆면 4개)

⑤ 전개도를 접었을 때 서로 맞닿는 선분의 길이를 같게 그립니다.

⑥ 전개도를 접었을때 서로 겹치는 면이 없게 그립니다.

아래는 각뿔의 성질을 이야기 한 것입니다.
빈 칸에 알맞은 글을 적으세요. (다 푼후 2번 읽어 봅니다.)

01. 입체도형 중 밑면이 1개인 다각형이고, 옆면이 삼각형인

입체도형을 [   ] 이라 하고, 밑면의 모양에 따라

삼각뿔, 사각뿔, 오각뿔,..... 이라고 합니다.

02. 각뿔의 구성요소 6가지는

[   ] : 각뿔에서 밑에 있는 면 (다각형)

[   ] : 옆으로 둘러싸인 면 (삼각형)

[   ] : 면과 면이 만나는 선

[   ] : 모서리와 모서리가 만나는 점

[   ] : 옆면을 이루는 모든 삼각형의 공통적인 꼭지점

[   ] : 각뿔의 꼭지점에서 밑면에 수직인 선분의 길이

입니다.

아래는 각뿔의 전개도에 대해 이야기 한 것입니다.
빈 칸에 알맞은 글을 적으세요. (다 푼후 2번 읽어 봅니다.)

03. 입체도형의 모서리를 잘라 펼쳐 놓은 것을 [   ] 라 하고,

잘리는 모서리는 [   ] 선, 잘리지 않는 모서리는 [   ] 선으로
　　　　　　　　　실 / 점　　　　　　　　　　　실 / 점

표시합니다. 전개도는 어떻게 자르냐에 따라 [   ] 모양
　　　　　　　　　　　　　　　　여러가지 / 한가지

으로 나올 수 있지만, 겹치는 면이 없어야 합니다.

04. 각뿔의 모서리를 잘라서 펼쳐 놓은 그림을 [각뿔의   ] 라

하고, 전개도를 그릴때 밑면을 크기에 맞게 그리고,

옆면은 맞닿는 면의 길이와 같은 [   ] 모양이 되도록
　　　　　　　　　　　　　　삼각형 / 사각형

그립니다. 각뿔의 옆면의 높이는 각뿔의 높이와 [   ] 니다.
　　　　　　　　　　　　　　　　　　　　　　같습 / 다릅

각뿔의 전개도는 밑면이 [   ] 개이고, 옆면은 밑면의 면의 수와

같습니다.

※ 원은 다각형이 아니기 때문에 원뿔은 각뿔이 아닙니다. 그냥 원뿔입니다.

35 각기둥과 각뿔 (1)

각기둥의 구성요소의 개수

밑면의 모양	삼각형	사각형	오각형	★각형
각기둥의 이름	삼각기둥	사각기둥	오각기둥	★각기둥
면의 수	5	6	7	★+2
꼭지점의 수	6	8	10	★×2
모서리의 수	9	12	15	★×3

※ 각기둥들의 면, 꼭지점, 모서리의 수를 직접 찾아 헤아려 보고,
왜? 식이 그렇게 만들어 지는지 생각해 봅니다.

각뿔의 구성요소의 개수

밑면의 모양	삼각형	사각형	오각형	★각형
각뿔의 이름	삼각뿔	사각뿔	오각뿔	★각뿔
면의 수	4	5	6	★+1
꼭지점의 수	4	5	6	★+1
모서리의 수	6	8	10	★×2

※ 각뿔들의 면, 꼭지점, 모서리의 수를 직접 찾아 헤아려 보고,
왜? 식이 그렇게 만들어지는 곰곰히 생각해 봅니다.

 위의 표를 보지말고, 각기둥의 구성요소에 대한
표를 완성해 보세요.

01.

밑면의 모양	삼각형	사각형	오각형	★각형
각기둥의 이름				
면의 수				
꼭지점의 수				
모서리의 수				

위의 표를 보지말고, 각뿔의 구성요소에 대한
표를 완성해 보세요.

04.

밑면의 모양	삼각형	사각형	오각형	★각형
각뿔의 이름				
면의 수				
꼭지점의 수				
모서리의 수				

02. 밑면의 모양이 8각형인 각기둥의 이름은 [   ] 입니다.
이 각기둥의 면의 수는 [   ] 개, 꼭지점의 수는 [   ] 개,
모서리의 수는 [   ] 개 입니다.

05. 밑면의 모양이 8각형인 각뿔의 이름은 [   ] 입니다.
이 각뿔의 면의 수는 [   ] 개, 꼭지점의 수는 [   ] 개,
모서리의 수는 [   ] 개 입니다.

03. 밑면의 모양이 10각형인 각기둥의 이름은 [   ] 입니다.
이 각기둥의 면의 수는 [   ] 개, 꼭지점의 수는 [   ] 개,
모서리의 수는 [   ] 개 입니다.

06. 밑면의 모양이 10각형인 각뿔의 이름은 [   ] 입니다
이 각뿔의 면의 수는 [   ] 개, 꼭지점의 수는 [   ] 개,
모서리의 수는 [   ] 개 입니다.

※ 각기둥과 각뿔의 성질과 모양을 잘 이해한다면 쉽게 면, 꼭지점, 모서리의 수를 외울(이해할) 수 있습니다.

확인 (틀린 문제의 수를 적고, 약한 부분을 보충하세요.)

회차	틀린문제수
31 회	문제
32 회	문제
33 회	문제
34 회	문제
35 회	문제

생각해보기

앞에서 배운 5회차 내용이 모두 이해 되었나요?

1. 모두 이해되고 자신있다. → 다음 회로 넘어 갑니다.

2. 2~3문제 틀릴 수는 있겠지만 거의 이해한다.
   → 개념부분을 한번 더 읽고 다음 회로 넘어 갑니다.

3. 잘 모르는 것 같다.
   → 개념부분과 틀린문제를 한번 더 보고 다음 회로 넘어 갑니다.

틀린 문제가 있었다면 왜 틀렸을거라고 생각합니까?

1. 개념 설명이 어려워서 잘 모르겠다.   2. 다 아는데 실수한 것 같다.

3. 빨리 끝내고 싶어서 집중할 수가 없다.   4. 하기 싫어서....

오답노트 (앞에서 틀린 문제나 기억하고 싶은 문제를 적습니다.)

회	번
문제	풀이

회	번
문제	풀이

회	번
문제	풀이

회	번
문제	풀이

회	번
문제	풀이

36 각기둥과 각뿔 (2)

각기둥의 구성요소의 개수

각기둥의 이름	삼각기둥	사각기둥	오각기둥	★각기둥
모양				밑면과 윗면이 ★각형이고, 합동이고 평행인 기둥
면의 수	5	6	7	★+2
꼭지점의 수	6	8	10	★×2
모서리의 수	9	12	15	★×3
면+꼭지점+모서리의 수	20	12	15	★+2 + ★×2 + ★×3

※ (★+2)+(★×2)+(★×3) = (★+2)+(★×5) 가 됩니다.

각뿔의 구성요소의 개수

각뿔의 이름	삼각뿔	사각뿔	오각뿔	★각뿔
모양				밑면이 ★각형 옆면이 모두 삼각형인 뿔
면의 수	4	5	6	★+1
꼭지점의 수	4	5	6	★+1
모서리의 수	6	8	10	★×2
면+꼭지점+모서리의 수	14	18	22	★+1 + ★+1 + ★×2

※ (★+1)+(★+1)+(★×2) = (★+2)+(★×2) 가 됩니다.

아래는 각기둥의 구성요소에 대한 문제입니다.
잘 생각해서 풀어보세요.

01.

각기둥의 이름	삼각기둥	사각기둥	오각기둥	★각기둥
면의 수				
꼭지점의 수				
모서리의 수				
면의 수 + 모서리의 수				

아래는 각뿔의 구성요소에 대한 문제입니다.
잘 생각해서 풀어보세요.

04.

각뿔의 이름	삼각뿔	사각뿔	오각뿔	★각뿔
면의 수				
꼭지점의 수				
모서리의 수				
꼭지점의 수 + 모서리의 수				

02. 삼각기둥의 꼭지점과 모서리의 수의 합은 [ ] 개 입니다.

오각기둥의 면과 꼭지점의 수의 합은 [ ] 개 입니다.

05. 사각뿔의 꼭지점과 모서리의 수의 합은 [ ] 개 입니다.

육각뿔의 면과 꼭지점의 수의 합은 [ ] 개 입니다.

03. 꼭지점의 수와 모서리의 수가 45개인 각기둥을 구하려면,

한 밑면의 변의 수를 ★이라 고할때, (★×2) + (★×3) =
꼭지점의 수   모서리의 수

★ × 5 = 45 이므로, ★ = [ ] 입니다.

그러므로, 구하는 각기둥의 이름은 [ ] 입니다.

06. 면의 수와 꼭지점의 수가 10개인 각뿔을 구하려면,

밑면의 변의 수를 ★이라 고할때, (★+1) + (★+1) =
면의 수   꼭지점의 수

2★ + 2 = 10 이므로, ★ = [ ] 입니다.

그러므로, 구하는 각뿔의 이름은 [ ] 입니다.

※ 식을 외우지 못하거나, 외우기 싫으면, 도형을 그려서 식을 만드는 연습을 합니다.

※ ★의 자리에 3부터 4, 5, 6...씩 넣어보아도
★=4가 되는 것을 알 수 있습니다.

37 원주와 원주율

원주 : 원의 둘레 또는 원주의 길이

원주는 원의 둘레 이므로
원의 크기가 클수록
원주도 커집니다.

원주율 : 원주와 지름의 비

원주율 = 원주 ÷ 지름
　　　= 3.141592...

원에서 원주율은
3.141592...로 항상 일정합니다.

원주율을 이용하여 원주 구하기

원주 = 지름 × 원주율
　　= 지름 × 3.14
　　= 반지름 × 2 × 3.14

모든 원의 원주율은 **3.141...**
이지만, 보통 반올림하여
3.14 또는 **3.1** 을
사용합니다.

원주율을 이용하여 지름, 반지름 구하기

원주 ÷ 지름 = 원주율
➡ **지름 = 원주 ÷ 원주율**
➡ **반지름 = 원주 ÷ 원주율 ÷ 2**

지름 ÷ 2 = 반지름 이므로
원주 ÷ 원주율 = 지름이 되고,
그값 ÷ 2 = 반지름이 됩니다.

아래는 원에 관한 문제입니다.
빈 칸을 채우세요.

01.
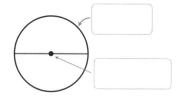

02. 원의 둘레의 길이를 [　　　]라 하고,

지름 크기가 클수록 원의 둘레의 길이도 길어집니다.

03. 원주와 지름과의 비를 [　　　]이라 하고,

지름이 1cm인 원의 원주를 소수 2째자리까지 적으면

[　　　] cm가 됩니다.

04. 원주율은 3.141592... 와 같이 계속 나눠도 떨어지지

않습니다.

원주율을 소수 3재짜리에서 반올림하면 [　　] 이

되고, 소수 2째자리에서 반올림하면 [　　] 이 됩니다.

※ 모든 원은 그 원의 지름보다 **3.141592...**배 원주가 더 깁니다.
문제에서 원주율을 **3.1**나 **3**으로 사용하기도 합니다.

원주율이 3.14일때 아래 문제를 풀어보세요.

05.

1cm

원주 : 　　　　cm

06.

6cm

원주 : 　　　　cm

07.

원주 : 31.4 cm

지름 : 　　　　cm

08.

원주 : 12.56 cm

반지름 : 　　　　cm

※ 원의 지름이나, 반지름을 알면 원주를 알 수 있고,
원주를 알면 그 원의 지름과 반지름을 알 수 있습니다.

 원주율이 3.14일때,
아래 원을 보고, 원주를 구하세요.

01.

3 cm

원주 : _____ cm

02.

5 cm

원주 : _____ cm

03.

8 cm

원주 : _____ cm

04.
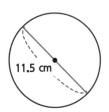
4.5 cm

원주 : _____ cm

05.
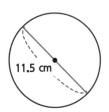
11.5 cm

원주 : _____ cm

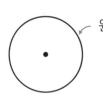 원주율이 3.14일때
아래 원의 지름, 반지름을 구하세요.

06.
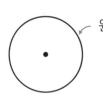 원주 : 21.98 cm

지름 : _____ cm

반지름 : _____ cm

07.

원주 : 10.99 cm

지름 : _____ cm

반지름 : _____ cm

08.

원주 : 28.26 cm

지름 : _____ cm

반지름 : _____ cm

09. 원주 : 3.14 cm인 원

지름 : _____ cm

반지름 : _____ cm

10.

원주 : 34.54 cm

지름 : _____ cm

반지름 : _____ cm

39 원의 넓이

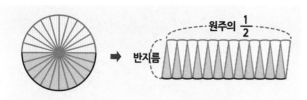

원을 한없이 잘게 잘라 이어 붙이면 **직사각형**이 되므로
원의 넓이는 **직사각형**으로 바꿔 넓이를 구합니다.

등분한 원을 서로 엇갈리게 붙이면, 길이는 원주의 반이 되고,
높이는 반지름이 됩니다.
그림에서는 원을 24조각 내어 붙여서 높이가 달라보이지만,
원을 2400조각이상으로 잘라 붙여보면 높이는 반지름과 같아집니다.

원의 넓이 구하는 공식

$$원의 넓이 = (원주 \times \frac{1}{2}) \times 반지름$$

$$= (지름 \times 원주율 \times \frac{1}{2}) \times 반지름$$

$$= (반지름) \times 반지름 \times (원주율)$$

원주 = 지름 × 원주율 이고, 반지름은 지름의 $\frac{1}{2}$이므로,
식은 3가지로 나타낼 수 있습니다.
결국 원의 지름, 반지름, 원주 중 1가지만 알면 원의 넓이도 구할 수 있습니다.

 아래는 원에 관한 문제입니다.
빈 칸을 채우세요.

01.

02. 원의 넓이 = □ × $\frac{1}{2}$ × □

= 지름 × 원주율 × $\frac{1}{2}$ × □

= □ × □ × 원주율

03. 원의 넓이를 구하는 방법은 잘게 잘라 붙여서 구하므로

높이가 되는 □ 을 구하는 것이 가장 중요합니다.

간단히 원의 넓이 = 반지름 × 반지름 × 3.14 로 외웁니다.

※ 원의 지름, 반지름, 원주, 원의 넓이 한가지만 알아도

식을 변형하여 어떤 값이든 구할 수 있습니다.

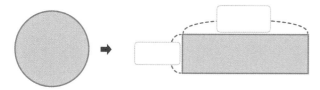 원주율이 3.14일때 아래 문제를 풀어보세요.

04.

6cm

원의 넓이 : _____ cm²

05.

1cm

원의 넓이 : _____ cm²

06.

원주 : 25.12 cm

원의 넓이 : _____ cm²

07.

원주 : 15.7 cm

원의 넓이 : _____ cm²

※ 반지름 = 원주 ÷ 원주율 ÷ 2이므로,
원주를 알면 반지름을 알 수 있고, 반지름을 알면 넓이를 구할 수 있습니다.

40 원의 넓이 (연습)

아래 원의 지름과 반지름을 보고,
원주와 넓이를 구하세요. (원주율은 3.14 로 계산합니다.)

아래 원의 원주를 보고,
반지름과 넓이를 구하세요. (원주율은 3.14 로 계산합니다.)

01.
5 cm

원주 :   cm

넓이 :   cm²

06.

원주는 6.28 cm입니다.

반지름 :   cm

넓이 :   cm²

02.
4.5 cm

원주 :   cm

넓이 :   cm²

07.

원주 : 43.96 cm

반지름 :   cm

넓이 :   cm²

03.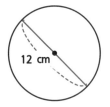
12 cm

원주 :   cm

넓이 :   cm²

08.

원주 : 56.52 cm

반지름 :   cm

넓이 :   cm²

04.
4 cm

원주 :   cm

넓이 :   cm²

09.

반지름 :   cm

넓이 :   cm²

원주 : 62.8 cm

05.
11 cm

원주 :   cm

넓이 :   cm²

10. 원주 : 21.98 cm인 원

반지름 :   cm

넓이 :   cm²

확인 (틀린 문제의 수를 적고, 약한 부분을 보충하세요.)

회차	틀린문제수
36 회	문제
37 회	문제
38 회	문제
39 회	문제
40 회	문제

생각해보기

앞에서 배운 5회차 내용이 모두 이해 되었나요?

1. 모두 이해되고 자신있다. → 다음 회로 넘어 갑니다.

2. 2~3문제 틀릴 수는 있겠지만 거의 이해한다.
   → 개념부분을 한번 더 읽고 다음 회로 넘어 갑니다.

3. 잘 모르는 것 같다.
   → 개념부분과 틀린문제를 한번 더 보고 다음 회로 넘어 갑니다.

틀린 문제가 있었다면 왜 틀렸을거라고 생각합니까?

1. 개념 설명이 어려워서 잘 모르겠다.   2. 다 아는데 실수한 것 같다.

3. 빨리 끝내고 싶어서 집중할 수가 없다.   4. 하기 싫어서....

오답노트 (앞에서 틀린 문제나 기억하고 싶은 문제를 적습니다.)

회	번
문제	풀이

회	번
문제	풀이

회	번
문제	풀이

회	번
문제	풀이

회	번
문제	풀이

41 원기둥

소리내 읽기

원기둥 : 위아래에 있는 면이 서로 평행하고 합동인 원으로 이루어진 입체도형 (둥근기둥 모양의 도형)

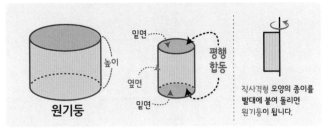

원기둥

직사격형 모양의 종이를 빨대에 붙여 돌리면 원기둥이 됩니다.

원기둥의 구성요소

① 옆면 : 옆을 둘러싼 굽은 면

② 밑면 : 위아래로 평행이고, 합동인 두 면

③ 높이 : 두 밑면에 수직인 선분의 길이

※ 밑면이 원인 기둥을 원기둥이라고 합니다.
　원기둥 : 옆면이 굽은면이고, 꼭지점이 없습니다.
　각기둥 : 옆면이 직사각형이고, 꼭짓점이 있습니다.

각기둥

원기둥의 전개도 (모서리를 잘라 펼쳐 놓은 그림)

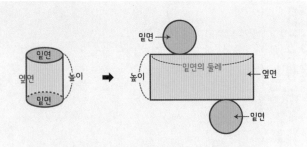

① 원기둥을 펼치면 옆면의 모양은 직사각형 이 됩니다.

② 원기둥을 펼치면 두 밑면은 합동인 원 이 됩니다.

③ 옆면의 가로는 밑면의 둘레와 같습니다. (원의 원주)

④ 옆면의 세로는 원기둥의 높이와 같습니다.

※ 원기둥의 전개도에서
　옆면의 가로 : 밑면(원)의 원주(원의 둘레)와 같습니다.
　옆면의 세로 : 원기둥의 높이와 같습니다.

소리내 풀기

아래는 원기둥의 성질을 이야기 한 것입니다.
빈 칸에 알맞은 글을 적으세요. (다 푼후 2번 읽어 봅니다)

01. 입체도형 중 둥근기둥 모양의 도형을 ＿＿＿＿ 이라 하고,

이 원기둥을 위에서 보면 ＿＿＿ 모양이고,

옆에서 보면 ＿＿＿＿ 모양입니다.

02. 원기둥의 구성요소 3가지는

[　　] : 옆을 둘러싼 굽은 면

[　　] : 위아래로 평행하고 합동인 두 면

[　　] : 두 밑면에 수직인 선분의 길이

03. 원기둥과 각기둥은 밑면이 ＿＿ 개이고, 두 밑면이 평행하고

서로 합동하는 것은 같으나,

원기둥은 밑면이 다각형이 아닌 원이고, 꼭짓점이 없고,

옆면이 굽은 면이라는 것이 차이점입니다.

소리내 풀기

아래는 원기둥의 전개도에 대해 이야기 한 것입니다.
빈 칸에 알맞은 글을 적으세요. (다 푼후 2번 읽어 봅니다)

04. 원기둥을 잘라 펼친 모양을 원기둥의 [　　] 라 합니다.

원기둥의 전개도에는 직각사각형 모양의 옆면은 [　] 개 있고

원 모양의 밑면은 [　] 개 있습니다.

05. 원기둥을 펼치면 옆면의 모양은 [　　　] 이 되고,

두 밑면은 합동인 [　　] 이 됩니다.

또, 옆면의 가로는 밑면의 [　　] 와 같으며,

세로는 원기둥의 [　　] 와 같습니다.

06. 원기둥의 전개도를 그릴때 자르는 위치에 따라 밑면의 위치가

달라질 수 있지만, 서로 [　　] 인 원을 그려야 합니다.

합동 / 대칭 / 반사

※ 원기둥을 옆에서 보면 정사각형일 수도 있지만, 정사각형은 직사각형에 포함되므로
　간단히 직사각형 모양 혹은 사각형 모양이라고 할 수 있습니다.

42 원기둥의 겉넓이

원기둥의 **겉넓이** = (한 밑면의 넓이)×2 +(옆면의 넓이)

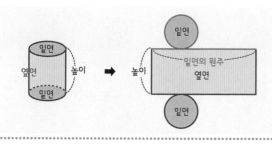

(한 밑면의 넓이) = (원의 넓이) = (반지름) × (반지름) × (원주율)

(옆면의 넓이) = (직사각형의 넓이) = (가로) × (세로)
= (밑면의 원주) × (원기둥의 높이)

반지름이 4cm이고, 높이가 7cm인 원기둥의 겉넓이 구하기

원주율 = 3.14

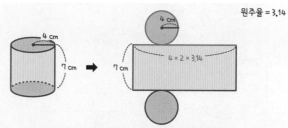

(한 밑면의 넓이) = (반지름) × (반지름) × (원주율)
= 4 × 4 × 3.14 = 50.24 (cm²)
(옆면의 넓이) = (밑면의 원주) × (원기둥의 높이)
= (4 × 2 × 3.14) × 7 = 175.84 (cm²)
원기둥의 겉넓이 = (한 밑면의 넓이) × 2 + (옆면의 넓이)
= 50.24 × 2 + 175.84 = 276.34 (cm²)

전개도를 이용하여 원기둥의 겉넓이를 구하려고 합니다. 빈 칸에 알맞은 수를 써 넣으세요. (원주율 : 3.1)

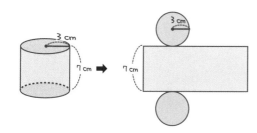

01. (한 밑면의 넓이) = (원의 넓이) = (반지름) × (반지름) × (원주율)

= ⬚ × ⬚ × 3.1 = ⬚ (cm²)

02. (옆면의 넓이) = (직사각형의 넓이) = (밑면의 원주) × (원기둥의 높이)

= (⬚ × 2 × 3.1) × ⬚ = ⬚ (cm²)

03. (원기둥의 겉넓이) = (한 밑면의 넓이) × 2 + (옆면의 넓이)

= ⬚ × 2 + ⬚

= ⬚ (cm²)

※ 원기둥의 밑면의 둘레 = 원기둥의 밑면의 원주

아래 원기둥의 겉넓이를 구하세요. (원주율 : 3.1)

04.

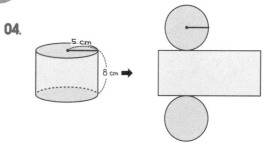

⬚ (cm²)

05.

⬚ (cm²)

🍎소리내풀기 전개도를 이용하여 원기둥의 겉넓이를 구하려고 합니다.
빈 칸에 알맞은 수를 써 넣으세요. (원주율 : 3.1)

🍎소리내풀기 아래 원기둥의 겉넓이를 구하세요. (원주율 : 3.1)

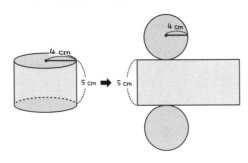

05.

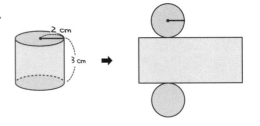

01. (한 밑면의 넓이) = (원의 넓이) = (반지름) × (반지름) × (원주율)

= ☐ × ☐ × 3.1 = ☐ (cm²)

☐ (cm²)

02. (옆면의 넓이) = (직사각형의 넓이) = (밑면의 둘레) × (원기둥의 높이)

= (☐ × 2 × 3.1) × ☐ = ☐ (cm²)

06.

03. (원기둥의 겉넓이) = (한 밑면의 넓이) × 2 + (옆면의 넓이)

= ☐ × 2 + ☐

= ☐ (cm²)

☐ (cm²)

04. 아래 원기둥의 겉넓이는 ☐ cm²입니다.

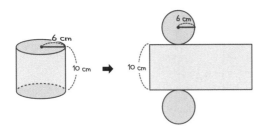

07.

☐ (cm²)

44 원기둥의 부피

원기둥의 부피 = (한 밑면의 넓이)×(높이)

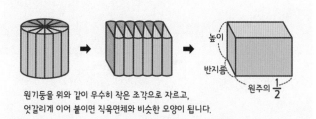

원기둥을 위와 같이 무수히 작은 조각으로 자르고,
엇갈리게 이어 붙이면 직육면체와 비슷한 모양이 됩니다.

원기둥의 부피 = (원주의 $\frac{1}{2}$) × (반지름) × (높이)

= (지름) × (원주율) × $\frac{1}{2}$ × (반지름) × (높이)

= (반지름) × 2 × (원주율) × $\frac{1}{2}$ × (반지름) × (높이)

= (반지름) × (반지름) × (원주율) × (높이)

= (한 밑면의 넓이) × (높이)

반지름이 4cm이고, 높이가 7cm인 원기둥의 부피 구하기

원주율 = 3.14

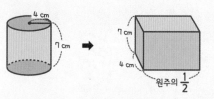

(직육면체의 한 밑면의 넓이) = (원주의 $\frac{1}{2}$) × (반지름)

= (지름) × (원주율) × $\frac{1}{2}$ × (반지름)

= 8 × 3.14 × $\frac{1}{2}$ × 4 = 50.24 (cm²)

(원기둥의 부피) = (직육면체의 부피) = (한 밑면의 넓이) × 높이

= 50.24 × 7 = 351.68 (cm³)

직육면체를 이용하여 원기둥의 부피를 구하려고 합니다.
빈 칸에 알맞은 수를 써 넣으세요. (원주율 : 3.1)

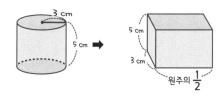

01. (원주) = (지름)× ☐ = (반지름)× 2 × ☐ 이므로

= ☐ ×2× 3.1 = ☐ (cm)

02. (한 밑면의 넓이) = (가로) × (세로) 이므로

= (원주의 $\frac{1}{2}$) × (반지름)

= ☐ × $\frac{1}{2}$ × ☐ = ☐ (cm²)

03. (원기둥의 부피) = (반지름) × (원주의 $\frac{1}{2}$) × 높이

= (한 밑면의 넓이) × (높이) 이므로

= ☐ × ☐ = ☐ (cm³)

※ 넓이 cm²과 같이 2제곱이고, 부피는 cm³와 같은 3제곱의 단위가 됩니다.

아래 원기둥의 부피를 구하세요. (원주율 : 3.1)

04.

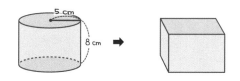

☐ (cm³)

05.

☐ (cm³)

전개도를 이용하여 원기둥의 부피를 구하려고 합니다.
빈 칸에 알맞은 수를 써 넣으세요. (원주율 : 3.1)

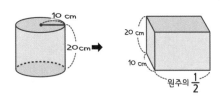

01. (원주) = (지름) × [ ] = (반지름) × 2 × [ ] 이므로

= [ ] ×2× **3.1** = [ ] (cm)

02. (한 밑면의 넓이) = (가로) × (세로) 이므로

= (원주의 $\frac{1}{2}$) × (반지름)

= [ ] × $\frac{1}{2}$ × [ ] = [ ] (cm²)

03. (원기둥의 부피) = (반지름) × (원주의 $\frac{1}{2}$) × 높이

= (한 밑면의 넓이) × (높이) 이므로

= [ ] × [ ] = [ ] (cm³)

04. 아래 원기둥의 부피는 [ ] cm³입니다.

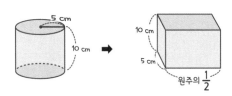

아래 원기둥의 부피를 구하세요. (원주율 : 3.1)

05.

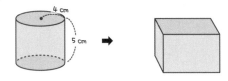

[ ] (cm³)

06.

[ ] (cm³)

07.

[ ] (cm³)

확인 (틀린 문제의 수를 적고, 약한 부분을 보충하세요.)

회차	틀린문제수
41 회	문제
42 회	문제
43 회	문제
44 회	문제
45 회	문제

생각해보기

앞에서 배운 5회차 내용이 모두 이해 되었나요?

1. 모두 이해되고 자신있다. → 다음 회로 넘어 갑니다.

2. 2~3문제 틀릴 수는 있겠지만 거의 이해한다.
   → 개념부분을 한번 더 읽고 다음 회로 넘어 갑니다.

3. 잘 모르는 것 같다.
   → 개념부분과 틀린문제를 한번 더 보고 다음 회로 넘어 갑니다.

틀린 문제가 있었다면 왜 틀렸을거라고 생각합니까?

. 개념 설명이 어려워서 잘 모르겠다.   2. 다 아는데 실수한 것 같다.

. 빨리 끝내고 싶어서 집중할 수가 없다.   4. 하기 싫어서....

오답노트 (앞에서 틀린 문제나 기억하고 싶은 문제를 적습니다.)

회	번
문제	풀이

회	번
문제	풀이

회	번
문제	풀이

회	번
문제	풀이

회	번
문제	풀이

46 원기둥의 겉넓이와 부피 (연습1)

 아래 원기둥의 겉넓이와 부피를 구하세요. (원주율 : 3.1)

01.

1 cm
3 cm

겉넓이는 [   ] cm²이고, 부피는 [   ] cm³입니다.

03.

4 cm
10 cm

겉넓이는 [   ] cm²이고, 부피는 [   ] cm³입니다.

02.

5 cm
6 cm

겉넓이는 [   ] cm²이고, 부피는 [   ] cm³입니다.

04.

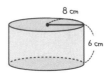

8 cm
6 cm

겉넓이는 [   ] cm²이고, 부피는 [   ] cm³입니다.

월 일
분 초

 아래 원기둥의 겉넓이와 부피를 구하세요. (원주율 : 3.1)

01.

2 cm
10 cm

겉넓이는 [ ] cm²이고, 부피는 [ ] cm³입니다.

03.

10 cm
20 cm

겉넓이는 [ ] cm²이고, 부피는 [ ] cm³입니다.

02.

3 cm
2 cm

겉넓이는 [ ] cm²이고, 부피는 [ ] cm³입니다.

04.

5 cm
6 cm

겉넓이는 [ ] cm²이고, 부피는 [ ] cm³입니다.

이어서 나는 [ ]을(를) 공부/연습할거야!!

48 원뿔

원뿔 : 밑면이 원이고, 옆면이 곡면인 뿔 모양의 입체도형
(둥근 뿔 모양의 도형)

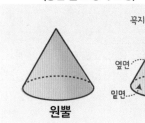

원뿔  **과 각뿔**

같은 점	▪ 밑면이 1개 ▪ 뿔 모양
다른 점	▪ 밑면이 다릅니다. (원뿔 : 원, 각뿔 : 다각형) ▪ 옆면이 다릅니다. (원뿔 : 굽은면, 각뿔 : 삼각형)

원뿔의 구성요소

① 꼭지점 : 원뿔의 뾰족한 **점**

② 옆면 : 옆을 둘러싼 굽은 면

③ 밑면 : 평평한 **면**

④ 높이 : **원뿔의 꼭지점과 밑면에 수직인 선분의 길이**

⑤ 모선 : **원뿔의 꼭지점에서 밑면인 원의 둘레의 한점을 이은 선분**

원뿔 과 **원기둥**

같은 점	▪ 밑면이 원 ▪ 옆면이 굽은 면
다른 점	▪ 밑면이 다릅니다. (원뿔 : 1개, 원기둥 : 2개) ▪ 원뿔만 꼭짓점이 있습니다. (원기둥은 없습니다.)

아래는 원뿔의 성질을 이야기 한 것입니다.
빈 칸에 알맞은 글을 적으세요. (다 푼후 2번 읽어 봅니다.)

01. 입체도형 중 둥근뿔 모양의 도형을 ⎽⎽⎽⎽⎽ 이라 하고,

이 도형을 위에서 보면 ⎽⎽⎽⎽ 모양이고,
　　　　　　　　　원 / 삼각형 / 사각형

옆에서 보면 ⎽⎽⎽⎽ 모양입니다.
　　　　　원 / 굽은 면 / 삼각형 / 사각형

02. 원뿔의 구성요소 5가지는

☐ : 원뿔의 뾰족한 점

☐ : 옆을 둘러싼 굽은 면

☐ : 평평한 면

☐ : 원뿔의 꼭지점과 밑면에 수직인 선분의 길이

☐ : 원뿔의 꼭지점에서 밑면인 원의 둘레의 한점을 이은 선분

03. 직각삼각형 모양의 종이를 빨대에 붙여 돌리면 ⎽⎽⎽⎽ 이

되고, 직각사각형 모양의 종이를 빨대에 붙여 돌리면

⎽⎽⎽⎽ 이 됩니다.

아래는 원뿔과 다른 도형을 비교하는 문제입니다.
빈 칸에 알맞은 글을 적으세요. (다 푼후 2번 읽어 봅니다.)

04. 원뿔과 각뿔은 밑면이 ☐ 개이고, 뿔 모양인 점이 같고,

원뿔의 밑면의 모양은 ☐ 이고,

각뿔의 밑면의 모양은 ☐ 모양인 점과

원뿔의 옆면은 ⎽⎽⎽⎽ 이고,
　　　　　　굽은 면 / 삼각형

각뿔의 밑면의 모양은 ⎽⎽⎽⎽ 인 점이 다릅니다.

05. 원뿔과 원기둥은 밑면이 ☐ 모양이고,

옆면이 굽은 면인 점이 같은 점이고,

원뿔의 밑면의 갯수는 ☐ 개,

원기둥의 밑면의 갯수는 ☐ 개인 점과

⎽⎽⎽⎽ 만 꼭짓점이 있고,
원뿔 / 원기둥

⎽⎽⎽⎽ 은 꼭짓점이 없다는 것이 다른 점입니다.

구 : 공 모양의 도형

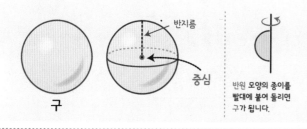

구

반지름
중심

반원 모양의 종이를
빨대에 붙여 돌리면
구가 됩니다.

구의 구성요소

① 중심 : 구의 가장 안쪽에 있는 점

② 반지름 : 중심에서 구의 표면의 한 점을 잇는 선분

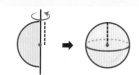

반원 모양을 돌려 구를 만들 수 있으며,
이때, 반원의 중심이 구의 중심이 되고,
반원의 반지름은 구의 반지름이 됩니다.

구  와 원기둥

같은 점	▪ 굽은 면으로 둘러싸여 있습니다.
다른 점	▪ 구는 공모양이고, 원기둥은 기둥모양입니다. ▪ 구는 어떤 방향에서 보아도 항상 모양이 같고, 원기둥은 보는 방향에 따라 모양이 다릅니다.

구 와 원뿔

같은 점	▪ 굽은 면으로 둘러싸여 있습니다.
다른 점	▪ 구는 공모양이고, 원뿔은 뿔모양입니다. ▪ 원뿔은 뾰족한 부분이 있습니다. ▪ 원뿔은 보는 방향에 따라 모양이 다릅니다.

 아래는 구의 성질을 이야기 한 것입니다.
빈 칸에 알맞은 글을 적으세요. (다 푼후 2번 읽어 봅니다.)

01. 입체도형 중 공 모양의 도형을 ⎯⎯⎯ 라고 합니다.

이 도형은 어떤 방향에서 보아도 항상 모양이 ⎯⎯⎯ .
같습니다 / 다릅니다.

02. 구의 구성요소 2가지는

▯ : 구의 가장 안쪽에 있는 점

▯ : 구의 중심과 표면의 한점을 잇는 선분

03. 직사각형 모양의 종이를 빨대에 붙여 돌리면 ⎯⎯⎯ 이 되고,

직각삼각형 모양의 종이를 빨대에 붙여 돌리면 ⎯⎯⎯ 이

되고, 반원 모양의 종이를 빨대에 붙여 돌리면 ⎯⎯⎯ 가 됩니다.

아래는 구와 다른 도형을 비교하는 문제입니다.
빈 칸에 알맞은 글을 적으세요. (다 푼후 2번 읽어 봅니다.)

04. 구와 원기둥은 ▯ 으로 둘러 싸여 있는 점이 같습니다.

구는 ▯ 모양이고, 원기둥은 ▯ 모양입니다.

▯ 는 보는 방향에 따라 모양이 같고,

▯ 은 보는 방향에 따라 모양이 다릅니다.
구 / 원기둥

05. 구와 원뿔은 ▯ 으로 둘러 싸여 있는 점이 같습니다.

구는 ▯ 모양이고, 원뿔은 ▯ 모양입니다.

▯ 는 보는 방향에 따라 모양이 같고,

▯ 은 보는 방향에 따라 모양이 다릅니다.
구 / 원뿔

06. 구와 원뿔과 원기둥은 모두 ▯ 면으로 둘러싸여
굽은 / 평평한
있는 점이 같습니다.

아래는 원기둥과 원뿔과 구에 대한 문제입니다. 빈 칸에 알맞은 글을 적으세요.

01. 앞의 도형을 보고 표를 완성하세요.

도형	이름	특징
		밑면이 원 모양인 [ ] 모양의 도형입니다. 서로 평행하고 합동인 밑면이 [ ]개 입니다. 두 밑면에 수직인 길이를 [ ]라고 합니다.
		밑면이 원 모양인 [ ] 모양의 도형입니다. 밑면이 [ ]개 입니다. 꼭지점에서 밑면의 둘레의 한 점을 이은 선분을 [ ]이라고 합니다.
		[ ] 모양의 도형입니다. 밑면이 [ ]개 입니다. 중심에서 둘레의 한 점을 이은 선분을 [ ] 이라 합니다.

02. 표 안의 평면도형을 작대기에 꽂아 한 바퀴 돌려 얻는 입체도형을 그리고, 그 입체도형의 이름을 적으세요.

평면도형	입체도형	이름

03. 아래 전개도를 접었을 때 생기는 원기둥의 부피를 구하세요.

(원주율 : 3.1)

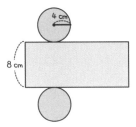

04. 아래 도형의 모선의 길이와 높이의 차를 구하세요.

[ ] cm

05. 아래 도형의 이름과 반지름을 구하세요.

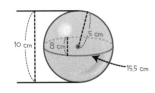

도형의 이름 : [ ]

반지름 : [ ] cm

스스로 알아서 하는

하루 10분 수학

🎈 초등수학 총정리

초등과정 수학의 필수 내용을 복습하고 확실히 익히고 초등과정 수학을 마무리합니다.

문제를 풀다 모르는 부분이 있으면 반드시 그 과정의 내용을 충분히 복습하고 중등과정 수학을 준비합니다.

공부할 때의 집중력과 복습하는 습관을 지니도록 합니다.

초등수학 복습을 시작하세요!!

월 일
분 초

2 문제중
문제
맞

각 방향으로 밀기

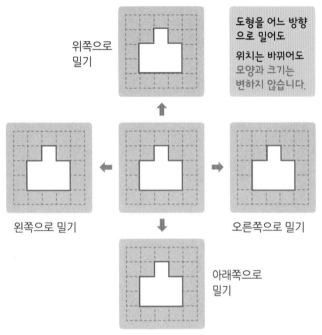

위쪽으로 밀기

왼쪽으로 밀기

오른쪽으로 밀기

아래쪽으로 밀기

도형을 어느 방향으로 밀어도 위치는 바뀌어도 모양과 크기는 변하지 않습니다.

각 방향으로 뒤집기

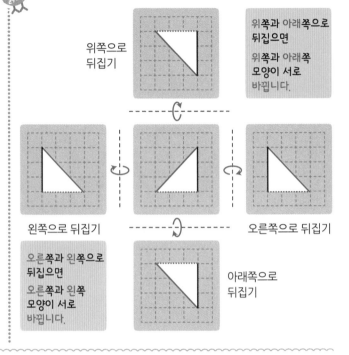

위쪽으로 뒤집기

왼쪽으로 뒤집기

오른쪽으로 뒤집기

아래쪽으로 뒤집기

위쪽과 아래쪽으로 뒤집으면 위쪽과 아래쪽 모양이 서로 바뀝니다.

오른쪽과 왼쪽으로 뒤집으면 오른쪽과 왼쪽 모양이 서로 바뀝니다.

아래 도형을 각 방향으로 밀어 보세요.

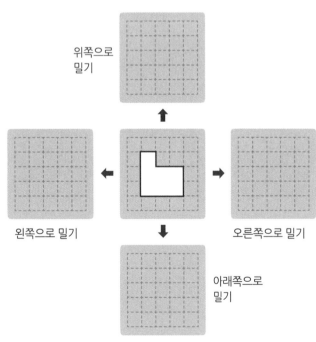

위쪽으로 밀기

왼쪽으로 밀기

오른쪽으로 밀기

아래쪽으로 밀기

아래 도형을 각 방향으로 뒤집어 보세요.

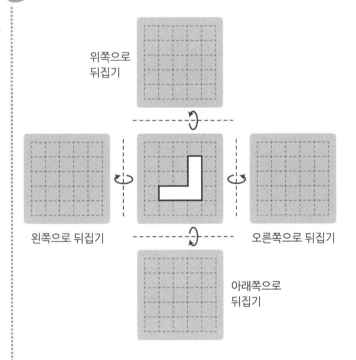

위쪽으로 뒤집기

왼쪽으로 뒤집기

오른쪽으로 뒤집기

아래쪽으로 뒤집기

※ 도형을 각 방향으로 밀면 크기와 모양은 변하지 않고 위치만 변합니다. 모양은 변하지 않기 때문에 밀기전의 도형을 똑같이 그려도 됩니다.

※ 도형을 각 방향으로 뒤집으면 뒤집은 쪽 방향으로 모양만 바뀌고, 크기는 변하지 않습니다.

여러 방향으로 돌리기

(오른쪽으로 직각만큼 3번돌리기)

왼쪽으로
직각만큼
돌리기

(오른쪽으로 직각만큼 4번돌리기)

왼쪽으로
직각만큼
4번 돌리기

왼쪽으로
직각 만큼
2번 돌리기

왼쪽으로
직각만큼
3번 돌리기

(오른쪽으로 직각만큼 2번돌리기)   (오른쪽으로 직각만큼 돌리기)

각 방향으로 뒤집고, 돌리기

① 위쪽으로 뒤집기

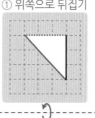

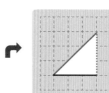

② 오른쪽으로
직각만큼
돌리기

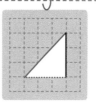

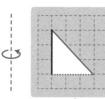

① 오른쪽으로
뒤집기

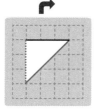

② 오른쪽으로
직각만큼
돌리기

아래 도형을 각 방향으로 돌려 보세요.

왼쪽으로
직각만큼
돌리기

왼쪽으로
직각만큼
4번 돌리기

왼쪽으로
직각 만큼
2번 돌리기

왼쪽으로
직각만큼
3번 돌리기

아래 도형을 각 방향으로 뒤집거나, 돌려 보세요.

① 위쪽으로 뒤집기

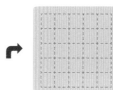

② 오른쪽으로
직각만큼
돌리기

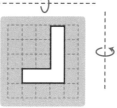

① 오른쪽으로
뒤집기

② 오른쪽으로
직각만큼
돌리기

※ 도형을 각 방향으로 돌리면 돌린 방향으로
모양만 바뀌고, 크기는 변하지 않습니다.

※ 뒤집을때는 거울에 비친 모습을 생각하고,
돌릴때는 책을 돌려서 생각해 보세요.

소리내
풀기

아래 도형을 바꿔보세요.

01. 아래 도형을 밀어서 나오는 도형을 그려보세요.

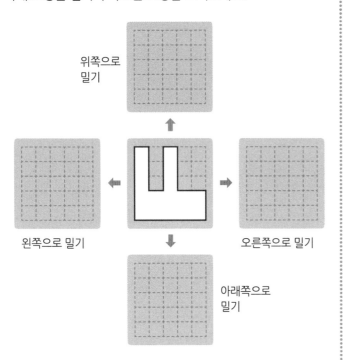

위쪽으로
밀기

왼쪽으로 밀기

오른쪽으로 밀기

아래쪽으로
밀기

03. 아래 도형을 돌리면 나오는 도형을 그려보세요.

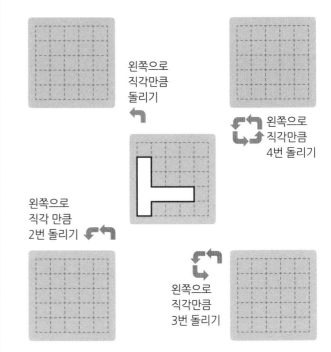

왼쪽으로
직각만큼
돌리기

왼쪽으로
직각만큼
4번 돌리기

왼쪽으로
직각 만큼
2번 돌리기

왼쪽으로
직각만큼
3번 돌리기

02. 아래 도형을 뒤집어서 나오는 도형을 그려보세요.

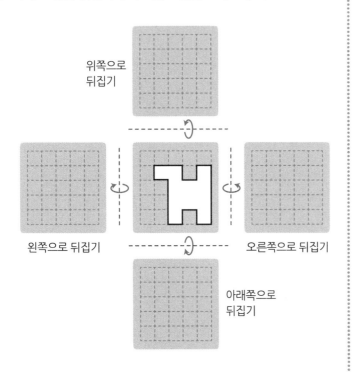

위쪽으로
뒤집기

왼쪽으로 뒤집기

오른쪽으로 뒤집기

아래쪽으로
뒤집기

04. 아래 도형을 뒤집거나, 돌려서 나오는 도형을 그려보세요.

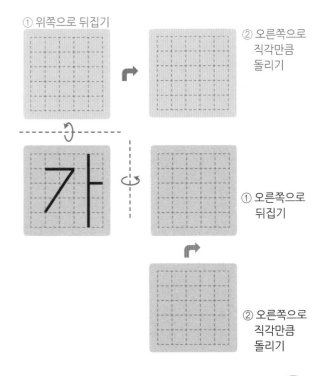

① 위쪽으로 뒤집기

② 오른쪽으로
직각만큼
돌리기

① 오른쪽으로
뒤집기

② 오른쪽으로
직각만큼
돌리기

2시간 40분 50초 + 3시간 30분 45초의 계산

초 단위, 분 단위끼리의 합이 **60**이거나, **60**보다 크면 60초를 1분으로, 60분을 1시간으로 받아 올림합니다.

```
      1           1
   2 시간  40 분  50 초
+  3 시간  30 분  45 초
―――――――――――――――――――
   6 시간  11 분  35 초
```

40+30+받아올림1
=71에서 60분을
1시간으로받아올림

50+45=95에서
60초를 1분으로
받아올림

5시간 20분 20초 − 3시간 30분 45초의 계산

빼려는 초, 분이 더 크면 1분에서 60초를, 1시간에서 60분을 받아내림하여 계산합니다.

```
      4    60  19      60
   5̶ 시간  2̶0̶ 분  20 초
−  3 시간  30 분  55 초
―――――――――――――――――――
   1 시간  49 분  25 초
```

79분-30분=49분
(내림해준 후 19분 + 내림받은 60분)

80초-55초=25초
(20초 + 내림받은 60초)

그림을 보고 두 시간의 합을 구하세요.

01.
```
    4 시간  20 분  30 초
 +  2 시간  50 분  40 초
―――――――――――――――――――
   [  ] 시간    분    초
```

02.
```
    1 시간  50 분  40 초
 +  6 시간  36 분  52 초
―――――――――――――――――――
   [  ] 시간    분    초
```

03.
```
    3 시간  49 분  58 초
 +  2 시간  27 분  34 초
―――――――――――――――――――
   [  ] 시간    분    초
```

두 시간의 차를 구하세요.

04.
```
    6 시간  10 분  30 초
 −  3 시간  50 분  40 초
―――――――――――――――――――
   [  ] 시간    분    초
```

05.
```
    4 시간  20 분  40 초
 −  1 시간  35 분  45 초
―――――――――――――――――――
   [  ] 시간    분    초
```

06.
```
    5 시간  23 분  24 초
 −  2 시간  40 분  35 초
―――――――――――――――――――
   [  ] 시간    분    초
```

※ 초단위, 분단위, 시간단위 순으로 끼리끼리 더하고 더한값이 60초 = 1분, 60분 = 1시간 이므로 60이 넘으면 받아올림합니다.

※ 초단위, 분단위, 시간단위 순으로 끼리끼리 빼고, 빼는 값이 더 크면 1분 = 60초, 1시간 = 60분 이므로 60을 받아내림하여, 계산합니다.

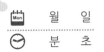

55 거리의 계산 (km, m)

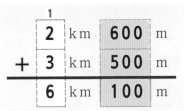

2km 600m + 3km 500mm의 계산

m끼리 먼저 더하고, km 끼리 더합니다.

	1			
	2	km	600	m
+	3	km	500	m
	6	km	100	m

2+3+받아올림1 =6

600+500=1100에서 1000을 1km로 받아올림

m를 합한 값이 1000이거나, 1000보다 크면 1000m를 1km로 받아올림 해줍니다.

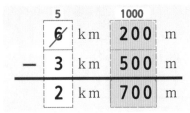

6km 200m − 3km 500m의 계산

m끼리 먼저 빼고, km 끼리 뺍니다.

	5		1000	
	6̸	km	200	m
−	3	km	500	m
	2	km	700	m

받아내림 하고 남은 5 − 3 = 2

받아내림한 1000 + 200 − 500 = 700

빼려고 하는 m가 커서 뺄 수 없으면 km에서 1km(1000m) 를 받아내림 해줍니다. (1km=1000m)

두 길이의 합을 구하세요.

01.

	5	km	400	m
+	1	km	800	m
		km		m

02.

	3	km	905	m
+	4	km	300	m
		km		m

03.

	2	km	730	m
+	1	km	700	m
		km		m

04.

	4	km	506	m
+	2	km	750	m
		km		m

두 길이의 차를 구하세요.

05.

	5	km	300	m
−	1	km	600	m
		km		m

06.

	7	km	150	m
−	2	km	400	m
		km		m

07.

	8	km	470	m
−	6	km	920	m
		km		m

08.

	6	km	249	m
−	3	km	610	m
		km		m

※ 1000m = 1km이므로 1000m가 넘으면 받아올림합니다.

※ 1km = 1000m이므로 받아내림하면 1000을 받아내림합니다.

확인 (틀린 문제의 수를 적고, 약한 부분을 보충하세요.)

회차	틀린문제수
51 회	문제
52 회	문제
53 회	문제
54 회	문제
55 회	문제

오답노트 (앞에서 틀린 문제나 기억하고 싶은 문제를 적습니다.)

회	번
문제	풀이

회	번
문제	풀이

회	번
문제	풀이

회	번
문제	풀이

회	번
문제	풀이

생각해보기

앞에서 배운 5회차 내용이 모두 이해 되었나요?

1. 모두 이해되고 자신있다. → 다음 회로 넘어 갑니다.

2. 2~3문제 틀릴 수는 있겠지만 거의 이해한다.
  → 개념부분을 한번 더 읽고 다음 회로 넘어 갑니다.

3. 잘 모르는 것 같다.
  → 개념부분과 틀린문제를 한번 더 보고 다음 회로 넘어 갑니다.

틀린 문제가 있었다면 왜 틀렸을거라고 생각합니까?

1. 개념 설명이 어려워서 잘 모르겠다.   2. 다 아는데 실수한 것 같다.

3. 빨리 끝내고 싶어서 집중할 수가 없다.   4. 하기 싫어서....

56 나머지와 검산

소리내 읽기

21÷4를 계산하고 검산하기

 나머지

21개를 **4**개씩 묶으면 모두 **5**묶음이 되고 **1**개가 남습니다.

➡ 21÷4=5···1

곱셈과 **덧셈**을 이용하여 식을 만들면

➡ 4×5+1=21로 나타내고 **검산식**이라고 합니다.

21÷4의 몫을 구하고, 검산식 만들기

나누는 수와 **몫**의 곱에 **나머지**를 더하면

나눠지는 수가 나와야 합니다.

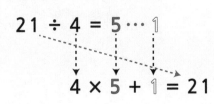

$$21 \div 4 = 5 \cdots 1$$
$$4 \times 5 + 1 = 21$$

※ 외우는게 아니라
왜 그런지
곰곰히 생각해보고,
이해하도록 합니다.

20÷4=5
4×5=20
21÷4=5···1
4×5+1=21

소리내 풀기

빈칸에 알맞은 수를 적으세요

소리내 풀기

아래 나눗셈을 보고 식과 검산식을 만드세요.

01.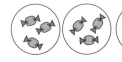

사탕 **10**개를 **3**개씩 묶으면

▢ 묶음이 되고 ▢ 개가 남습니다.

02. 이것을 식으로 나타내면

10 ÷ 3 = ▢ ··· ▢ 입니다.

03. 검산식으로 나타내면

3 × ▢ + ▢ = 10 입니다.

04. 17 ÷ 6 = 2 ··· 5의 검산식은

6 × ▢ + ▢ = 17입니다.

05.
$$3 \overline{)20} \quad 6 \cdots 2$$

식) 20 ÷ 3 = ▢ ··· ▢

검산식) 3 × ▢ + ▢ = 20

06.
$$5 \overline{)48} \quad 9 \cdots 3$$

식) 48 ÷ 5 = ▢ ··· ▢

검산식) 5 × ▢ + ▢ = 48

07. 35 ÷ 9 = ▢ ··· ▢

검산식) 9 × ▢ + ▢ = 35

08. 50 ÷ 8 = ▢ ··· ▢

검산식) 8 × ▢ + ▢ = 50

09. 27 ÷ 4 = ▢ ··· ▢

검산식) 4 × ▢ + ▢ = 27

아래 나눗셈을 보고 식과 검산식을 만드세요.

01.

$$\begin{array}{r} 6 \cdots 1 \\ 2\overline{)13} \end{array}$$

식) $13 \div 2 = $ ☐ $\cdots$ ☐

검산식) $2 \times$ ☐ $+$ ☐ $= 13$

02.

$$\begin{array}{r} 7 \cdots 2 \\ 3\overline{)23} \end{array}$$

식) $23 \div 3 = $ ☐ $\cdots$ ☐

검산식) $3 \times$ ☐ $+$ ☐ $= 23$

03.

$$\begin{array}{r} 9 \cdots 3 \\ 4\overline{)39} \end{array}$$

식) $39 \div 4 = $ ☐ $\cdots$ ☐

검산식) $4 \times$ ☐ $+$ ☐ $= 39$

04.

$$\begin{array}{r} 4 \cdots 4 \\ 5\overline{)24} \end{array}$$

식) $24 \div 5 = $ ☐ $\cdots$ ☐

검산식)

05.

$$\begin{array}{r} 6 \cdots 2 \\ 6\overline{)38} \end{array}$$

식) $38 \div 6 = $ ☐ $\cdots$ ☐

검산식)

06.

$$\begin{array}{r} 5 \cdots 5 \\ 7\overline{)40} \end{array}$$

식) $40 \div 7 = $ ☐ $\cdots$ ☐

검산식)

07.

$$\begin{array}{r} 7 \cdots 7 \\ 8\overline{)63} \end{array}$$

식)

검산식)

08.

$$\begin{array}{r} 8 \cdots 4 \\ 9\overline{)76} \end{array}$$

식)

검산식)

09.

$$\begin{array}{r} 9 \cdots 1 \\ 2\overline{)19} \end{array}$$

식)

검산식)

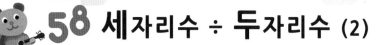

몫이 두자리수인 나눗셈 (413÷32의 계산)

① 세로셈의 형태로 바꿉니다.

$$32\overline{)413}$$

➡ ② 앞의 두수 41을 32로 나눈 몫을 십의 자리에 적습니다.

$$32\overline{)413}$$ 몫 1, 32, 93

➡ ③ 413의 3을 일의 자리에 내려적고 93을 32로 나눈 몫을 일의 자리에 적습니다.

1 2 ←몫
32)413
  32
  93
  64
  29 ←나머지

검산식을 이용하여 검산하기

$$413÷32=1\,2\cdots29$$

검산식)
➡ $$32×1\,2+29=413$$

앞의 두자리씩 계산하여 몫을 십의 자리에 적고, 뺀 나머지를 다시 나눠 몫을 일의 자리에 적습니다. 나머지는 항상 나누는 수보다 작아야 합니다.

나눗셈식의 몫과 나머지를 세로식을 이용하여 구하고, 검산하세요.

01. 198÷16= ☐ ⋯ ☐

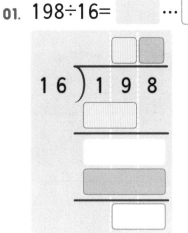

검산) 16× ☐ + ☐ =198

03. 605÷18= ☐ ⋯ ☐

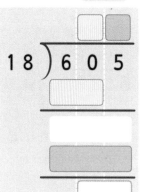

검산) 18× ☐ + ☐ =605

05. 517÷42= ☐ ⋯ ☐

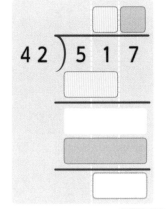

검산) 42× ☐ + ☐ =517

02. 516÷24= ☐ ⋯ ☐

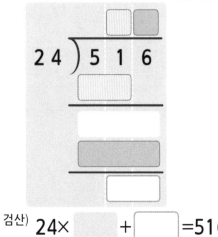

검산) 24× ☐ + ☐ =516

04. 480÷35= ☐ ⋯ ☐

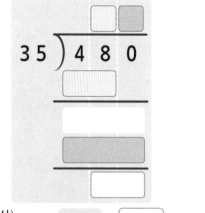

검산) 35× ☐ + ☐ =480

06. 782÷36= ☐ ⋯ ☐

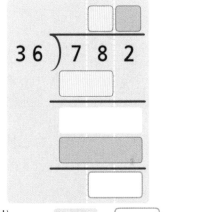

검산) 36× ☐ + ☐ =782

아래 나눗셈의 몫과 나머지를 구하고, 검산해 보세요.

01. 745÷23=〔　　〕…〔　　〕

검산)

02. 476÷16=〔　　〕…〔　　〕

검산)

03. 952÷45=〔　　〕…〔　　〕

검산)

04. 664÷54=〔　　〕…〔　　〕

검산)

05. 783÷36=〔　　〕…〔　　〕

검산)

06. 366÷27=〔　　〕…〔　　〕

검산)

07. 789÷63=〔　　〕…〔　　〕

검산)

08. 509÷19=〔　　〕…〔　　〕

검산)

09. 659÷38=〔　　〕…〔　　〕

검산)

위의 숫자가 아래의 통에 들어가면 나오는 수를 계산해서 ▢에 적으세요.

01. 558
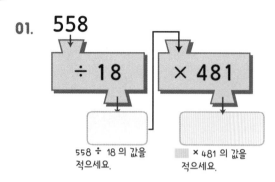

÷ 18   × 481

558 ÷ 18 의 값을
적으세요.

▨ × 481 의 값을
적으세요.

04. 960
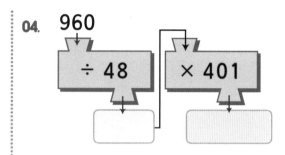

÷ 48   × 401

02. 832
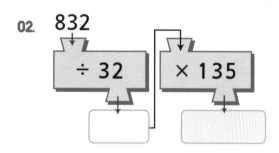

÷ 32   × 135

05. 936
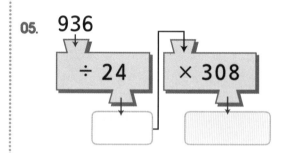

÷ 24   × 308

03. 612
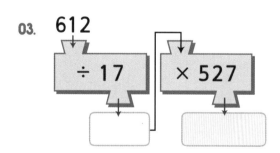

÷ 17   × 527

06. 592
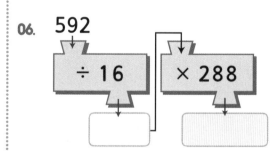

÷ 16   × 288

확인 (틀린 문제의 수를 적고, 약한 부분을 보충하세요.)

회차	틀린문제수
56 회	문제
57 회	문제
58 회	문제
59 회	문제
60 회	문제

오답노트 (앞에서 틀린 문제나 기억하고 싶은 문제를 적습니다.)

회	번
문제	풀이

회	번
문제	풀이

회	번
문제	풀이

회	번
문제	풀이

회	번
문제	풀이

생각해보기

앞에서 배운 5회차 내용이 모두 이해 되었나요?

1. 모두 이해되고 자신있다. → 다음 회로 넘어 갑니다.

2. 2~3문제 틀릴 수는 있겠지만 거의 이해한다.
   → 개념부분을 한번 더 읽고 다음 회로 넘어 갑니다.

3. 잘 모르는 것 같다.
   → 개념부분과 틀린문제를 한번 더 보고 다음 회로 넘어 갑니다.

틀린 문제가 있었다면 왜 틀렸을거라고 생각합니까?

1. 개념 설명이 어려워서 잘 모르겠다.   2. 다 아는데 실수한 것 같다.

3. 빨리 끝내고 싶어서 집중할 수가 없다.   4. 하기 싫어서....

61 각도

각 : 한 점에서 시작하는 두 직선으로 이루어진 도형

각도 : 각의 크기를 **각도**라고 하고,
벌어진 정도가 클수록 큰 각입니다.

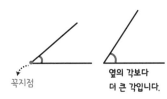

더 많이 벌려 있는 각이 큰 각이고,
뾰쪽할수록 작은 각입니다.

꼭지점

옆의 각보다
더 큰 각입니다.

1도 : 직각을 90으로 나눈 하나를 **1°**라고 씁니다.

그러므로 직각은 90도 입니다.

예각과 둔각
직각(90도) 보다 작은 각을 **예각**이라고 하고,
직각(90도) 보다 큰 각을 **둔각**이라고 하고,

직각(90도) 보다
작은 각
예각

90°
직각

직각 보다 크고,
직선(180도)보다
작은 각
둔각

아래는 각도의 특징을 이야기 한 것입니다. 빈 칸에 알맞은 글을 적으세요. (다 푼후 2번 읽어 봅니다.)

01. 각의 크기를 [   ]라 하고,

직각을 똑같이 90으로 나눈 하나를 [   ]라고 합니다.

02. 각의 크기는 변이 길이와 관계없이 두변의 벌어진 정도가

클수록 [   ] 이 됩니다.
(큰각 / 작은각)

03. 직각은 [   ] 도이고,

직각보다 작은 각을 [   ]이라 하고,

직각보다 큰 각을 [   ]이라고 합니다.

04. 각도기로 각도를 재는 방법은

① 각도기의 중심을 각의 [   ]에 맞춥니다.
(꼭지점 / 변)

② 각도기의 밑금을 각의 한 변에 맞춥니다.

③ 나머지 변의 닿는 눈금을 읽습니다.

아래 각의 각도를 적고, 예각인지 둔각인지 적으세요.

05.

각도 : [   ] °

예각/둔각 : [   ]

각의 꼭지점에 각도기의 중심을 맞춰서 각을 잽니다.

06.

각도 : [   ] °

예각/둔각 : [   ]

07.

각도 : [   ] °

예각/둔각 : [   ]

각의 방향을 잘 보고 숫자를 읽습니다.

08.
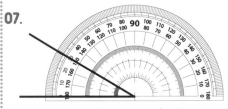

각도 : [   ] °

예각/둔각 : [   ]

각도의 합

➡ 자연수의 덧셈과 같은 방법으로 계산합니다.

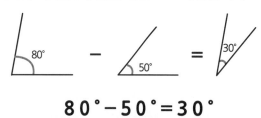

$$30° + 50° = 80°$$

각도의 차
➡ 자연수의 뺄셈과 같은 방법으로 계산합니다.

$$80° - 50° = 30°$$

아래의 각도를 계산해 보세요.

01.
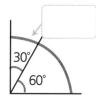

$$30° + 60° = \boxed{}$$

05.
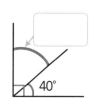

$$90° - 40° = \boxed{}$$

┐은 직각 90도를 나타냅니다.

02.
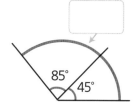

$$85° + 45° = \boxed{}$$

06.
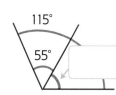

$$115° - 55° = \boxed{}$$

03. $$23° + 17° = \boxed{}$$

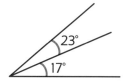

07. $$86° - 39° = \boxed{}$$

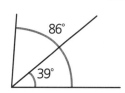

04. $$85° + 56° = \boxed{}$$

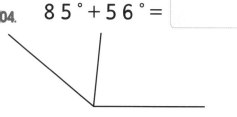

08. $$121° - 92° = \boxed{}$$

※ 각도의 계산은 자연수의 계산 방법과 같이 계산하고 뒤에 각도의 단위인 ° (도)를 꼭 붙여야 합니다.

63 삼각형 세 각의 합

소리내 읽기

삼각형의 세 각의 합은 항상 180°입니다.

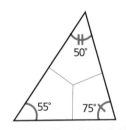

삼각형의 중간을 잘라서
세각을 붙여 보면 180도가 됩니다.

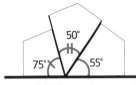

어떤 모양의 삼각형 이라도 세 각을 모두 합하면 180도 입니다.

삼각형의 두 각을 알면 나머지 1개의 각도 알 수 있습니다.

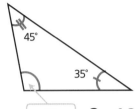

삼각형의 세 각의 합은 180도이므로,

모르는 각 = 180° - 아는 두 각

? **? = 180° - 45° - 35° = 100°**

소리내 풀기

□를 이용하여 식을 만들어서 모르는 각도를 구하세요.

01.

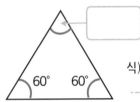

식) □+60°+60°=180°

□=180°-60°-60°

02.

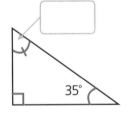

식)

03.

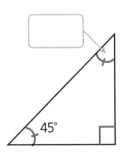

식)

04.

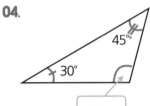

식)

05.

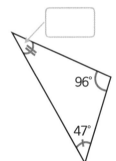

식)

06.

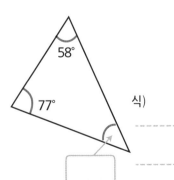

식)

사각형의 네 각의 합은 항상 360°입니다.

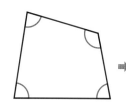

사각형은 삼각형 2개가 결합된 모양이므로
180도의 2배인 360도 입니다.

삼각형 세변의 합
(180°)
의 2배

어떤 모양의 사각형 이라도 네 각을 모두 합하면 360도 입니다.

사각형의 세 각을 알면 나머지 1개의 각도 알 수 있습니다.

사각형의 네 각의 합은 360도이므로,

모르는 각 = 360° – 아는 세 각

? **?** = 360° – 120° – 80° – 100° = 60°

□를 이용하여 식을 만들어서 모르는 각도를 구하세요.

01.

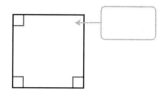

식) □ + 90° + 90° + 90° = 360°

□ = 360° – 90° – 90° – 90° =

02.

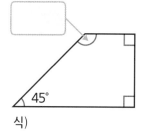

식)

03.

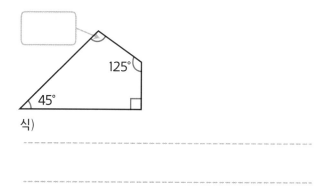

식)

04.

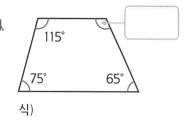

식)

05.

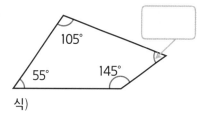

식)

06.

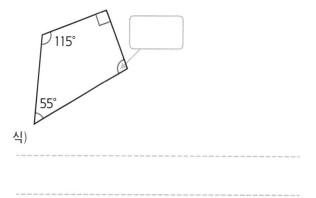

식)

65 삼각형의 분류

소리내 읽기

각의 크기에 따른 분류

예각삼각형

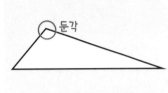

세각이 모두 예각입니다.

둔각삼각형

둔각

세각 중 1개의 각이 둔각입니다.

변의 길이에 따른 분류

이등변삼각형

2개나 3개의 변의 길이가 같습니다.
2개나 3개 각의 각도가 같습니다.

정삼각형

3변의 길이가 모두 같습니다.
3변의 각도가 모두 같습니다.

소리내 풀기

아래는 삼각형의 분류를 이야기 한 것입니다.
빈 칸에 알맞은 글을 적으세요. (다 푼후 2번 읽어 봅니다.)

01. 삼각형을 각의 크기에 따라 분류하면

예각만 있으면 [　　] 삼각형이고,

둔각이 있으면 [　　] 삼각형이고,

직각이 있으면 [　　] 삼각형입니다.

02. 삼각형을 변의 길이에 따라 분류하면

2개나 3개가 같으면 [　　] 삼각형이고,

3개가 모두 같으면 [　　] 삼각형입니다.

삼각형을 반으로 접어서 정확히 똑같이 접히는 삼각형을

이등변삼각형이라고 하는데, 정삼각형도 반으로 접으면

정확히 반으로 접히므로 이등변삼각형에 포함됩니다.

03. 삼각형에서 한 개의 각이 직각이나 둔각이면,

나머지 두 변은 무조건 [　　] 입니다.
　　　　　　　　　(예각 / 둔각)

※ 위의 둔각삼각형을 보고 생각해 보세요.

소리내 풀기

아래 삼각형을 기준에 따라 분류해 보세요.

04.

각에 따른 분류
_____

변에 따른 분류
_____

05.

각에 따른 분류
_____

변에 따른 분류
_____

06.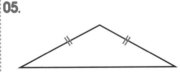

각에 따른 분류
_____

변에 따른 분류
_____

※ 정삼각형도 이등변삼각형에 포함됩니다.

07.

각에 따른 분류
_____

변에 따른 분류
_____

※ 정삼각형은 모두 이등변삼각형에 포함되지만,
　 이등변삼각형이 모두 정삼각형은 아닙니다.

확인 (틀린 문제의 수를 적고, 약한 부분을 보충하세요.)

회차	틀린문제수
61 회	문제
62 회	문제
63 회	문제
64 회	문제
65 회	문제

생각해보기

앞에서 배운 5회차 내용이 모두 이해 되었나요?

1. 모두 이해되고 자신있다. → 다음 회로 넘어 갑니다.

2. 2~3문제 틀릴 수는 있겠지만 거의 이해한다.
   → 개념부분을 한번 더 읽고 다음 회로 넘어 갑니다.

3. 잘 모르는 것 같다.
   → 개념부분과 틀린문제를 한번 더 보고 다음 회로 넘어 갑니다.

틀린 문제가 있었다면 왜 틀렸을거라고 생각합니까?

1. 개념 설명이 어려워서 잘 모르겠다.   2. 다 아는데 실수한 것 같다.

3. 빨리 끝내고 싶어서 집중할 수가 없다.   4. 하기 싫어서....

오답노트 (앞에서 틀린 문제나 기억하고 싶은 문제를 적습니다.)

회	번
문제	풀이

회	번
문제	풀이

회	번
문제	풀이

회	번
문제	풀이

회	번
문제	풀이

66 혼합계산의 순서 (1)

덧셈과 **뺄셈**이 섞여 있는 식

+, − 만 있는 식은 앞에서 부터 차례대로 계산합니다.

$$75 - 15 + 27 = 60 + 27$$
$$= 87$$
①
②

( )가 있는 식은 ( )안을 먼저 계산합니다.

( ) 안을 먼저 계산한 다음, 앞에서 부터 계산합니다.

$$75 - (15 + 27) = 75 - 42$$
$$= 33$$
①
②

( )이 있으면 제일 먼저 계산합니다.

계산 순서를 잘 생각해서, 아래 문제를 풀어보세요.

01. 35 − 15 + 20 =

05. 35 − (15 + 20) =

02. 23 + 27 − 23 =

06. 23 + (27 − 23) =

03. 67 − 32 − 19 =

07. 67 − (32 − 19) =

04. 54 + 12 + 15 =

08. 54 + (12 + 15) =

※ 1~4번 문제와 5~8번 문제는 같은 문제가 아닙니다. ( ) 괄호에 의해서 계산하는 순서가 바뀌어 값이 틀리게 됩니다.
(값이 같을 수도 있지만, 계산하는 순서는 다릅니다)

곱셈과 **나눗셈**이 섞여 있는 식

×, ÷ 만 있는 식은 앞에서 부터 차례대로 계산합니다.

$$1\,5 \div 3 \times 5 = 5 \times 5$$
$$= 2\,5$$

( )가 있는 식은 **( )** 안을 먼저 계산합니다.

( ) 안을 먼저 계산한 다음, 앞에서 부터 계산합니다.

$$1\,5 \div (\,3 \times 5\,) = 1\,5 \div 1\,5$$
$$= 1$$

( )이 있으면
제일 먼저
계산합니다.

계산 순서를 잘 생각해서, 아래 문제를 풀어보세요.

01. $50 \div 5 \times 10 =$ ☐

02. $12 \times 12 \div 6 =$ ☐

03. $64 \div 16 \div 4 =$ ☐

04. $3 \times 20 \times 50 =$ ☐

05. $50 \div (\,5 \times 10\,) =$ ☐

06. $12 \times (\,12 \div 6\,) =$ ☐

07. $64 \div (\,16 \div 4\,) =$ ☐

08. $3 \times (\,20 \times 50\,) =$ ☐

※ 1~4번 문제와 5~8번 문제는 같은 문제가 아닙니다. ( ) 괄호에 의해서 계산하는 순서가 바뀌어 값이 틀리게 됩니다.
  (값이 같을 수도 있지만, 계산하는 순서는 다릅니다.)

소리내 풀기

계산 순서를 잘 생각해서, 아래 문제를 풀어보세요.

01. $48 + 17 - 29 + 36 = \boxed{}$

① 　　②　　③

02. $66 - 32 + 31 + 17 = \boxed{}$

03. $15 \times 24 \div 12 \div 2 = \boxed{}$

04. $36 \div 18 \times 12 \div 6 = \boxed{}$

05. $48 + 17 - (29 + 36) = \boxed{}$

① 　　②　　③

06. $66 - (32 + 31) + 17 = \boxed{}$

① 　　②　　③

07. $15 \times 24 \div (12 \div 2) = \boxed{}$

08. $(36 \div 18) \times (12 \div 6) = \boxed{}$

※ 덧셈, 뺄셈이 섞여 있는 계산은 앞에서 순서대로 계산합니다. ( )가 있으면, ( ) 먼저 계산합니다.

69 혼합계산의 순서 (3)

곱셈과 **나눗셈**은 덧셈, 뺄셈 보다 먼저 계산합니다.

×, ÷ 을 먼저 계산하고, +, − 을 앞에서 부터 차례로 계산합니다.

$$34 - 6 \times 3 + 1 = 34 - 18 + 1$$
$$= 16 + 1$$
$$= 17$$

( )가 있는 식은 **( )**안을 먼저 계산합니다.

( ) 안을 먼저 계산한 다음, 앞에서 부터 계산합니다.

$$24 - 6 \times (3 + 1) = 24 - 6 \times 4$$
$$= 24 - 24$$
$$= 0$$

계산 순서를 잘 생각해서, 아래 문제를 풀어보세요.

01. $35 + 15 \div 5 + 10 = \boxed{}$

04. $35 + 15 \div (5 + 10) = \boxed{}$

02. $24 + 40 - 20 \div 5 = \boxed{}$

05. $24 + (40 - 20) \div 5 = \boxed{}$

03. $50 - 24 \times 12 \div 6 = \boxed{}$

06. $(50 - 24) \times 12 \div 6 = \boxed{}$

계산 순서를 잘 생각해서, 아래 문제를 풀어보세요.

01. $36 \times 11 \div 18 - 9 =$ ☐

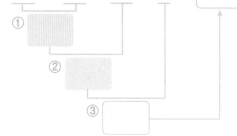

02. $60 \div 12 + 18 \div 2 =$ ☐

03. $36 + 10 \times 6 \div 12 =$ ☐

04. $52 - 2 \times 20 - 12 =$ ☐

05. $36 \times 11 \div (18 - 9) =$ ☐

06. $60 \div (12 + 18) \div 2 =$ ☐

07. $(36 + 10 \times 6) \div 12 =$ ☐

08. $(52 - 2) \times (20 - 12) =$ ☐

확인 (틀린 문제의 수를 적고, 약한 부분을 보충하세요.)

회차	틀린문제수
66 회	문제
67 회	문제
68 회	문제
69 회	문제
70 회	문제

생각해보기

앞에서 배운 5회차 내용이 모두 이해 되었나요?

1. 모두 이해되고 자신있다. → 다음 회로 넘어 갑니다.

2. 2~3문제 틀릴 수는 있겠지만 거의 이해한다.
   → 개념부분을 한번 더 읽고 다음 회로 넘어 갑니다.

3. 잘 모르는 것 같다.
   → 개념부분과 틀린문제를 한번 더 보고 다음 회로 넘어 갑니다.

틀린 문제가 있었다면 왜 틀렸을거라고 생각합니까?

1. 개념 설명이 어려워서 잘 모르겠다.   2. 다 아는데 실수한 것 같다.

3. 빨리 끝내고 싶어서 집중할 수가 없다.   4. 하기 싫어서....

오답노트 (앞에서 틀린 문제나 기억하고 싶은 문제를 적습니다.)

회	번
문제	풀이

회	번
문제	풀이

회	번
문제	풀이

회	번
문제	풀이

회	번
문제	풀이

71 소수 (소수 한 자리 수)

소수가 무엇인가요?

$\dfrac{1}{10}$ = 0.1
십분의 일   영점일

전체를 똑같이 **10**으로 나눈 것 중의 1을 분수로는 $\dfrac{1}{10}$,
십분의 일

소수로는 **0.1** 이라 쓰고, 영점 일이라고 읽습니다.
영점 일

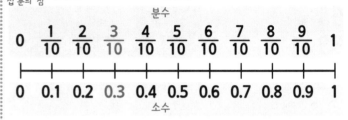

$\dfrac{3}{10}$ 을 0.3이라고 하고, 0.1이 3개 있는 것입니다.
십분의 삼   영점삼   영점일

아래는 소수를 설명한 것입니다. 빈칸에 알맞은 수나 글을 적으세요. (다 적은 후 2번 더 읽어보세요.)

01. 점을 사용하여 **1** 보다 작은 값을 표시하기 위해 [　] 를 사용하고, 이 때 쓰이는 점을 **소수점**이라고 합니다.

02. $\dfrac{7}{10}$ 을 소수로 [　] 이고, [　] 이라 읽습니다.
십분의 칠

03. **0.5**는 **0.1**이 [　] 개인 수이고,
영점 오

　　1.5는 **0.1**이 [　] 개인 수입니다.
일점 오

　　2.5는 **1** 보다 [　] 만큼 더 큰 수입니다.
이점 오

04. **0.1**이 **24**개인 수는 [　] 이고, 이점 사라고 읽습니다.

05. **10**mm는 **1**cm입니다. **1**mm는 **0.1**cm입니다.

　　30mm는 [　] cm입니다. **3**mm는 [　] cm입니다.

　　3.8cm는 [　] mm이고, [　] 센티미터라고 읽습니다.

아래의 [　]에 적당한 수나 글을 적으세요.

06.

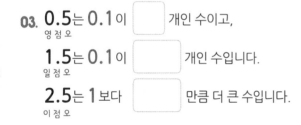

분수 : [　]　　소수 : [　]　　소수 읽기 : ＿＿＿＿

07. 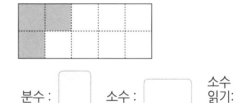 $\dfrac{9}{10}$ = 0.[　]

$\dfrac{5}{10} = \dfrac{0.5}{10} = 0.5$

$\dfrac{1.5}{10} = 1.5$

$\dfrac{41.5}{10} = 41.5$

08. **0.2**cm = [　] mm

※ 1 cm = 10mm
　 0.1cm = 1mm

09. **7.6**cm = [　] mm = [　] cm [　] mm

10. **8**cm **3**mm = [　] mm = [　] cm

※ **0.1**과 같이 점을 사용하여 1보다 작은 수를 표시하는 것을 **소수**라고 합니다.
　 이 때 쓰이는 점을 **소수점**이라고 합니다.

72 소수점의 자리

0.001을 10배한 수 (10배 큰 수)

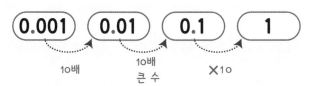

어떤 소수에서 10배하면 소수점이 뒤로 1칸 이동합니다.

1을 $\frac{1}{10}$배한 수 (10배 작은 수)

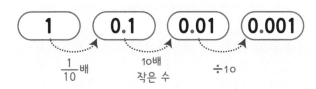

어떤 소수에서 $\frac{1}{10}$배하면 소수점이 앞으로 1칸 이동합니다.

아래의 ☐에 들어갈 알맞은 수를 적으세요.

01. 0.567

02. 0.026

03. 0.005

04. 12.021

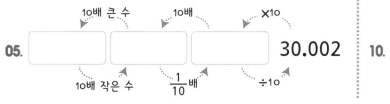

05. 30.002

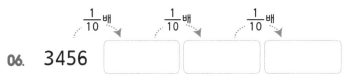

06. 3456

07. 592

08. 31

09. 89017

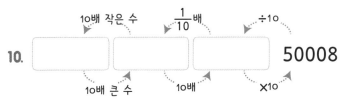

10. 50008

73 몫이 소수인 자연수÷자연수

3÷4의 계산 : 세로셈으로 계산하기

```
    7            7 5          0.7 5
4)3.0   ➡   4)3.0 0   ➡   4)3.0 0
  2 8          2 8           2 8
    2          2 0           2 0
               2 0           2 0
                 0             0
```

나머지가 0이 될때까지 오른쪽 끝자리에 0이 계속 있는 것으로 생각하고
계산하고, 나뉠 수의 소수점에 맞추어 몫의 소수점을 찍습니다.

24÷50의 계산

```
      4             4 8           0.4 8
50)2 4.0   ➡   50)2 4.0 0   ➡   50)2 4.0 0
   2 0 0          2 0 0            2 0 0
     4 0            4 0 0            4 0 0
                    4 0 0            4 0 0
                        0                0
```

24 = 24.0 = 24.00 = 24.000은 같은 수입니다.
나눠 떨어질때까지 소수점 밑의 0을 계속 붙여 계산합니다.

세로셈을 이용하여, 아래 나눗셈의 몫을 구하세요.

01. 4 ÷ 5 = [   ]

```
5)4.0
```

04. 6 ÷ 8 = [   ]

07. 21 ÷ 15 = [   ]

02. 3 ÷ 6 = [   ]

05. 24 ÷ 15 = [   ]

08. 16 ÷ 20 = [   ]

03. 6 ÷ 15 = [   ]

06. 15 ÷ 4 = [   ]

09. 27 ÷ 12 = [   ]

※ 풀이할 공간이 부족할 경우는 연습장을 이용하세요.

세로셈을 이용하여, 아래 나눗셈의 몫을 구하세요.

01. 6 ÷ 4 =

4) 6

02. 8 ÷ 5 =

03. 14 ÷ 5 =

04. 28 ÷ 8 =

05. 9 ÷ 25 =

06. 15 ÷ 4 =

07. 27 ÷ 12 =

08. 33 ÷ 20 =

09. 7 ÷ 8 =

10. 6 ÷ 16 =

11. 23 ÷ 40 =

12. 27 ÷ 24 =

※ 풀이할 공간이 부족할 경우는 연습장을 이용하세요.

75 평균

평균 : 자료들의 중간값

각 자료의 값을 모두 더하여 자료의 수로 나눈 값

$$평균 = 자료\ 값의\ 합 \div 자료의\ 수$$

$$= \frac{자료\ 값의\ 합}{자료의\ 수}$$

평균 구하기

월	3월	4월	5월	6월
점수	5	6	4	7

$$평균 = (5+6+4+7) \div 4 = 22 \div 4 = 5.5$$

$$= \frac{5+6+4+7}{4} = 5.5$$

아래는 평균에 대해 설명한 것입니다.
빈 칸에 알맞은 글을 적으세요. (다 푼후 2번 읽어 봅니다.)

01. 각 자료의 값을 모두 더하여 자료의 수로 나눈 값을 그자료를

대표하는 값으로 정하면 편리한데, 이 값을 [　　　]이라

합니다.

평균은 [　　　] ÷ [　　　]로

구할 수 있고, 그 값은 자연수, 소수, 분수로 나올 수 있습니다.

02. 평균은 [　　　] ÷ [　　　]로

구할 수 있으므로 평균 × 자료의 수는 [　　　]

이 됩니다.

03. [　　　]을 알면, 조사한 자료의 대략적인 값을 알 수

있어서 필요한 것을 대비하고, 예상할 수 있습니다.

나의 시험 점수 평균을 알면, 공부를 어느 정도 이해하는 지

알 수 있고, 우리 집의 한 달 평균 수입을 알면, 지출을 조절

할 수 있습니다.

아래 표에서 평균이나 모르는 값을 구하세요.

04. 교실의 온도

시간	1시	2시	3시	4시
온도 (℃)	23	29	25	23

평균 온도 : [　　　]

05. 모둠별 과제 점수

모둠	1모둠	2모둠	3모둠	4모둠	5모둠
점수 (점)	84	63	57	93	71

평균 점수 : [　　　]

06. 여름방학때 5학년의 학급별 도서 대여권수

시간	1반	2반	3반	4반	5반
도서 권수 (권)	102	87		63	138

평균이 85일때, 3반의 값 = [　　　]

※ (자료들의 합 = 평균 × 자료의 수) − (아는 자료들의 합)
　 = (모르는 자료의 값)

확인 (틀린 문제의 수를 적고, 약한 부분을 보충하세요.)

회차	틀린문제수
71 회	문제
72 회	문제
73 회	문제
74 회	문제
75 회	문제

생각해보기

앞에서 배운 5회차 내용이 모두 이해 되었나요?

1. 모두 이해되고 자신있다. → 다음 회로 넘어 갑니다.

2. 2~3문제 틀릴 수는 있겠지만 거의 이해한다.
   → 개념부분을 한번 더 읽고 다음 회로 넘어 갑니다.

3. 잘 모르는 것 같다.
   → 개념부분과 틀린문제를 한번 더 보고 다음 회로 넘어 갑니다.

틀린 문제가 있었다면 왜 틀렸을거라고 생각합니까?

. 개념 설명이 어려워서 잘 모르겠다.   2. 다 아는데 실수한 것 같다.

. 빨리 끝내고 싶어서 집중할 수가 없다.   4. 하기 싫어서....

오답노트 (앞에서 틀린 문제나 기억하고 싶은 문제를 적습니다.)

회	번
문제	풀이

회	번
문제	풀이

회	번
문제	풀이

회	번
문제	풀이

회	번
문제	풀이

평행선 사이의 거리
두 평행선은 서로 수직으로 잇는 선분의 길이가 가장 짧고,
어디에서 재든 항상 같습니다,
수직으로 만나는 다른 직선을 수선이라 합니다.

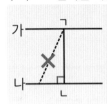

직선 **가**와 직선 **나**는 **평행선**입니다.

평행선과 **수직**인 선분 ㄱㄴ의 길이를

평행선 사이의 거리라고 합니다.

평행선은 아무리 연장해서 그려도 만나지 않습니다.
두 직선이 똑같은 방향으로 그어져있기 때문에 두 선을 연장해도
절대 만나지 않습니다.

평행선 X   평행선 O   평행선 X

아래는 평행선의 특징을 이야기 한 것입니다.
빈 칸에 알맞은 글을 적으세요.

01. 두 평행선이 얼마나 떨어져 있는지 알기 위해서는

두 직선에 [   ]인 선분을 그리고, 그 선분의 길이를

재면 두 평행선 사이의 [   ]가 됩니다.

02.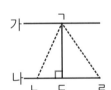

옆의 그림에서 직선 **가**와 직선 **나**는

[   ]이고, 이 평행선 사이의

거리는 선분 [   ]의 길이입니다.

03. 아래의 점 사이의 거리가 5cm라고 한다면, 두 평행선 사이의

거리는 얼마일까요? (대각선 거리는 7cm라고 한다)

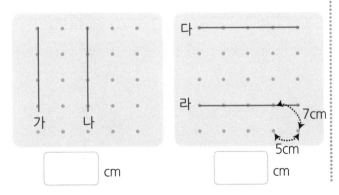

[   ] cm   [   ] cm

아래는 평행과 평행선의 특징을 이야기 한 것입니다.
빈 칸에 알맞은 글을 적으세요.

04. 옆의 평행선 사이의 거리를 ───────

자로 재보면 [   ] cm입니다. ───────

05. 옆의 선에 평행선 사이의 거리가

2cm가 되는 평행선을 그려 보세요.

06. 아래의 점 종이에 수선과 수평선 만으로 그림을 그려보세요.

평행선과 직선이 만날때 **마주보는 각은 같습니다.**

한개의 각도를 알면 모든 각도를 알 수 있습니다.

마주보는 각 ○은 같습니다.

마주보는 각 ✕ 은 같습니다.

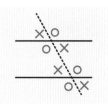

직선은 180°이므로
180°에서 아는 각을 빼주면
모르는 각을 알 수 있습니다.

$○° = 180° - ✕°$
$✕° = 180° - ○°$

아래 직선 가와 직선 나는 평행입니다. 이 평행선을 지나는 선의 각도를 빈 칸에 적으세요.

01.

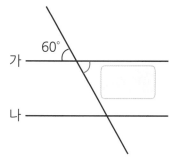

02.

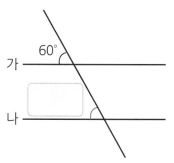

03.

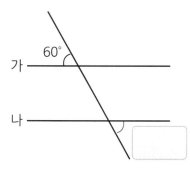

04.

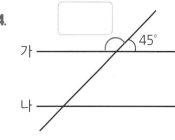

05.

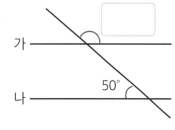

06.

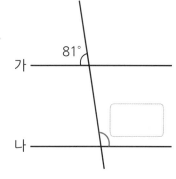

월 일
분 초

6 문제 중
문제
맞

사다리꼴	평행사변형	마름모	직사각형	정사각형
		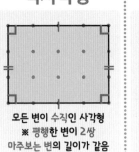	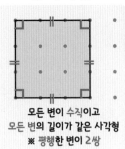	
평행한 변이 1쌍인 사각형	평행한 변이 2쌍인 사각형	모든 변의 길이가 같은 사각형 ※ 평행한 변이 2쌍 마주보는 각의 크기가 같음	모든 변이 수직인 사각형 ※ 평행한 변이 2쌍 마주보는 변의 길이가 같음	모든 변이 수직이고 모든 변의 길이가 같은 사각형 ※ 평행한 변이 2쌍

아래는 사각형의 모양를 이야기 한 것입니다. 빈 칸에 알맞은 글을 적으세요. (다 푼후 2번 읽어 봅니다)

01.
꼭지점
각
변

마주보는 평행한 변이 1쌍 이상인

사각형을 [ ]이라 하고,

모든 변의 길이와 각이 다를 수 있습니다.

04.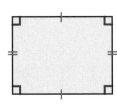

사각형의 모든 각이 직각이고

마주보는 변의 길이가 같은 사각형을

[ ]이라고 합니다. (평행 2쌍)

02. 마주보는 평행한 변이 2쌍인 삼각형을

[ ]이라고 하고,

마주보는 두 변의 길이는 각각 같고,

마주보는 각의 크기가 같습니다.

○ 의 각도 = 180 − ✕
✕ 의 각도 = 180 − ○

05. 사각형의 모든 각이 직각이고

모든 변의 길이가 같은 사각형을

[ ]이라고 합니다.

마주보는 각의 크기도 같습니다. (평행 2쌍)

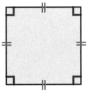

03.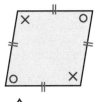
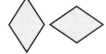

모든 변의 길이사 같은 사각형을

[ ]라고 하고,

마주보는 각의 크기가 같고,

마주보는 평행산 변이 2쌍입니다.

※ 정사각형은 직사각형과 마름모에 포함되고,
   마름모는 평행사변형에 포함되고, 평행사변형은 사다리꼴에 포함되고,
   사다리꼴은 사각형에 포함됩니다.

06. 변과 꼭지점이 4 개인 모양을 [ ]이라 하고,

그 중, 마주보는 1 쌍의 변이 평행이면 [ ]이고,

그 중, 다른 1 쌍의 변도 평행이면 [ ]이고,

그 중, 4 변의 길이가 같으면 [ ]입니다.

마름모 중에서 모든 각이 90도이고, 변의 길이가 다르면

[ ]이고, 모두 같으면 [ ]입니다.

평행사변형과 마름모에서
마주보는 두 각은 같습니다.

 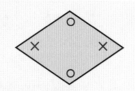

서로 마주 보고 있는 ○ 끼리 같은 각이고,
서로 마주 보고 있는 ✕ 끼리 같은각입니다.

평행사변형과 마름모에서
이웃한 두 각의 크기의 합은 180도 입니다.

 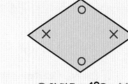

○ + ✕ = 180 도 ➡ ○ 의 각도 = 180 − ✕
✕ 의 각도 = 180 − ○

아래 도형은 평행사변형입니다.
◻ 안에 알맞은 각도를 적으세요.

소리내 풀기

아래의 도형은 마름모입니다.
◻ 안에 알맞은 각도를 적으세요.

01.

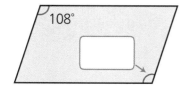

108°

02.

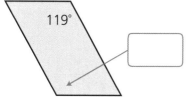

119°

03.

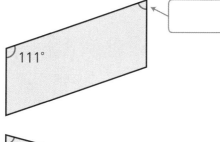

111°

04.

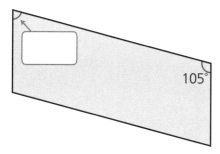

105°

05.

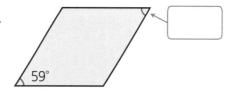

59°

06.

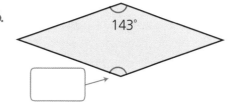

143°

07.

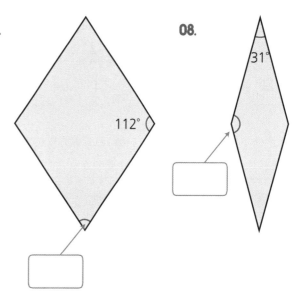

112°

08.

31°

80 수의 범위

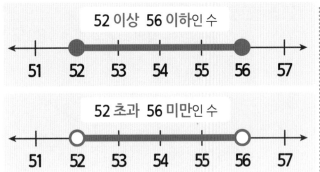

아래의 수의 범위에 대한 문제를 잘 읽고 알맞은 글이나 수를 적으세요.

01. 수의 범위를 수직선에 표시할 때, 그 수에 색을 칠하는 것은

[　　] 와 [　　] 이고, 그 수가 포함된다는 것을 나타

냅니다. [　　] 와 [　　] 는 동그라미 안에 색을 칠하
　　　　이상/초과/이하/미만

지 않고, 그 수는 포함하지 않는 것을 나타냅니다.

02. 36 초과 40 이하인 수를 수직선에 나타내세요.

03. 59 이상 61 이하인 수를 수직선에 나타내세요.

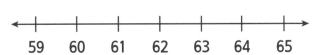

04. 70 초과 85 미만인 수를 수직선에 나타내세요.

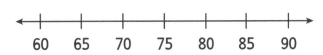

05. 95 이상 101 미만인 수를 수직선에 나타내세요.

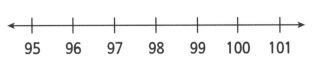

06. 아래의 수 중 18 이상 40 미만인 수에 ○표 하세요.

| 48 | 18 | 39 | 18.01 | 400 | 4.01 | 40 |

07. 아래의 수 중 91 초과 119 이하인 수는 몇 개 일까요?

| 91 | 100.01 | 120 | 59.1 | 91.01 | 119 | 118.9 |

08. 아래의 수 중 29.1 이상 53.9 이하인 수는 몇 개 일까요?

| 29 | 43.92 | 30.8 | 29.10 | 539 | 53.9 | 53.99 |

09. 89 이상 93 미만인 자연수를 모두 적으세요.

10. 60 초과 72 이하인 자연수는 모두 몇 개 일까요?

확인 (틀린 문제의 수를 적고, 약한 부분을 보충하세요.)

회차	틀린문제수
76 회	문제
77 회	문제
78 회	문제
79 회	문제
80 회	문제

오답노트 (앞에서 틀린 문제나 기억하고 싶은 문제를 적습니다.)

회	번
문제	풀이

회	번
문제	풀이

회	번
문제	풀이

회	번
문제	풀이

회	번
문제	풀이

생각해보기

앞에서 배운 5회차 내용이 모두 이해 되었나요?

1. 모두 이해되고 자신있다. → 다음 회로 넘어 갑니다.

2. 2~3문제 틀릴 수는 있겠지만 거의 이해한다.
   → 개념부분을 한번 더 읽고 다음 회로 넘어 갑니다.

3. 잘 모르는 것 같다.
   → 개념부분과 틀린문제를 한번 더 보고 다음 회로 넘어 갑니다.

틀린 문제가 있었다면 왜 틀렸을거라고 생각합니까?

1. 개념 설명이 어려워서 잘 모르겠다.   2. 다 아는데 실수한 것 같다.

3. 빨리 끝내고 싶어서 집중할 수가 없다.   4. 하기 싫어서....

위와 같이 나눗셈식을 이용한 방법으로 두 수의 최대공약수를 구하세요.

01. 6과 50의 최대공약수 :

최소공배수 :

) 6 50

02. 8과 20의 최대공약수 :

최소공배수 :

) 8 20

03. 9와 12의 최대공약수 :

최소공배수 :

) 9 12

04. 21과 49의 최대공약수 :

최소공배수 :

) 21 49

05. 15와 50의 최대공약수 :

최소공배수 :

)

06. 16과 24의 최대공약수 :

최소공배수 :

)

07. 32와 56의 최대공약수 :

최소공배수 :

)

08. 15와 24의 최대공약수 :

최소공배수 :

)

09. 18과 66의 최대공약수 :

최소공배수 :

)

10. 15와 48의 최대공약수 :

최소공배수 :

)

11. 21과 30의 최대공약수 :

최소공배수 :

)

12. 8과 40의 최대공약수 :

최소공배수 :

)

※ 구하려는 식을 나눗셈식으로 바꿔 적고, 더 이상 나눠질 수 없을 때까지 계산합니다. 이때 앞의 수들의 곱이 최대공약수입니다.

 0이 아닌 같은 수를 곱하여 만들기 (곱셈으로 만들기)

$$\frac{1 \times 1}{2 \times 1} = \frac{1}{2}$$

$$\frac{1 \times 2}{2 \times 2} = \frac{2}{4}$$

$$\frac{1 \times 3}{2 \times 3} = \frac{3}{6}$$

$$\frac{1 \times 4}{2 \times 4} = \frac{4}{8}$$

0이 아닌 같은 수를 나누어 만들기 (나눗셈으로 만들기)

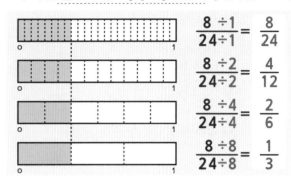

$$\frac{8 \div 1}{24 \div 1} = \frac{8}{24}$$

$$\frac{8 \div 2}{24 \div 2} = \frac{4}{12}$$

$$\frac{8 \div 4}{24 \div 4} = \frac{2}{6}$$

$$\frac{8 \div 8}{24 \div 8} = \frac{1}{3}$$

 같은 분수가 되도록 색을 칠하고,
빈칸에 알맞은 수를 적으세요.

01.

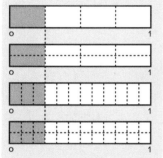

$$\frac{1}{4} = \frac{\boxed{}}{8} = \frac{\boxed{}}{12} = \frac{\boxed{}}{24}$$

02. $\dfrac{3}{4} = \dfrac{3 \times \boxed{}}{4 \times 2} = \dfrac{3 \times \boxed{}}{4 \times 3} = \dfrac{3 \times \boxed{}}{4 \times 4}$

$$\frac{3}{4} = \frac{\boxed{}}{8} = \frac{\boxed{}}{12} = \frac{\boxed{}}{16}$$

03. $\dfrac{4}{5} = \dfrac{4 \times \boxed{}}{5 \times 2} = \dfrac{4 \times \boxed{}}{5 \times 3} = \dfrac{4 \times \boxed{}}{5 \times 4}$

$$\frac{4}{5} = \frac{\boxed{}}{10} = \frac{\boxed{}}{15} = \frac{\boxed{}}{20}$$

 크기가 같은 분수가 되도록
빈칸에 알맞은 수를 적으세요.

04.

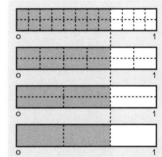

$$\frac{16}{24} = \frac{\boxed{}}{12} = \frac{\boxed{}}{6} = \frac{\boxed{}}{3}$$

05. $\dfrac{18}{24} = \dfrac{18 \div \boxed{}}{24 \div 2} = \dfrac{18 \div \boxed{}}{24 \div 3} = \dfrac{18 \div \boxed{}}{24 \div 6}$

$$\frac{18}{24} = \frac{\boxed{}}{12} = \frac{\boxed{}}{8} = \frac{\boxed{}}{4}$$

06. $\dfrac{20}{30} = \dfrac{20 \div \boxed{}}{30 \div 2} = \dfrac{20 \div \boxed{}}{30 \div 5} = \dfrac{20 \div \boxed{}}{30 \div 10}$

$$\frac{20}{30} = \frac{\boxed{}}{15} = \frac{\boxed{}}{6} = \frac{\boxed{}}{3}$$

※ 크기가 같은 분수를 나눗셈으로 만들때는 분자와 분모의 공약수로 나눠야 합니다. (공약수가 아닌 수로 나누면 소수가 나와 더 어려운 분수가 됩니다)

83 약분과 기약분수

분수에 바로 표시하면서 **약분**합니다.

／ 로 지우고 나눈 몫을 적습니다.

$$\frac{\cancel{12}^{6}}{\cancel{18}_{9}} = \frac{6}{9} \qquad \frac{12}{18} = \frac{12 \div 2}{18 \div 2} = \frac{\cancel{12}^{6}}{\cancel{18}_{9}} = \frac{6}{9}$$

분자와 분모에 같은 수를 나눈 몫을 적습니다.

분수에 직접 표시하여 **약분**한 값이 더 약분 가능하면 끝까지 약분하여 **기약분수**를 만듭니다.

$$\frac{\cancel{\cancel{12}^{6}}_{9}}{\cancel{\cancel{18}_{9}}_{3}} = \frac{2}{3} \qquad \frac{12}{18} = \frac{\cancel{12}^{6}}{\cancel{18}_{9}} = \frac{\cancel{6}^{2}}{\cancel{9}_{3}} = \frac{2}{3}$$

기약분수

주어진 분수를 약분하여 기약분수를 만드는 과정을 설명한 것입니다. ⬜ 안에 알맞은 수를 적으세요.

01. $\dfrac{4}{8} = \dfrac{4 \div \square}{8 \div \boxed{4}} = \dfrac{\square}{\square}$ ➡ $\dfrac{\cancel{4}}{8} = \dfrac{\square}{\square}$

02. $\dfrac{8}{24} = \dfrac{8 \div \square}{24 \div \boxed{8}} = \dfrac{\square}{\square}$ ➡ $\dfrac{\cancel{8}}{24} = \dfrac{\square}{\square}$

03. $\dfrac{9}{12} = \dfrac{9 \div \square}{12 \div \boxed{3}} = \dfrac{\square}{\square}$ ➡ $\dfrac{\cancel{9}}{12} = \dfrac{\square}{\square}$

04. $\dfrac{10}{50} = \dfrac{10 \div \square}{50 \div \boxed{10}} = \dfrac{\square}{\square}$ ➡ $\dfrac{\cancel{10}}{50} = \dfrac{\square}{\square}$

05. $\dfrac{12}{18} = \dfrac{12 \div \square}{18 \div \boxed{6}} = \dfrac{\square}{\square}$ ➡ $\dfrac{\cancel{12}}{18} = \dfrac{\square}{\square}$

06. $\dfrac{15}{35} = \dfrac{15 \div \square}{35 \div \boxed{5}} = \dfrac{\square}{\square}$ ➡ $\dfrac{\cancel{15}}{35} = \dfrac{\square}{\square}$

07. $\dfrac{18}{30} = \dfrac{18 \div \square}{30 \div \boxed{6}} = \dfrac{\square}{\square}$ ➡ $\dfrac{\cancel{18}}{30} = \dfrac{\square}{\square}$

08. $\dfrac{20}{36} = \dfrac{20 \div \square}{36 \div \boxed{4}} = \dfrac{\square}{\square}$ ➡ $\dfrac{\cancel{20}}{36} = \dfrac{\square}{\square}$

09. $\dfrac{24}{32} = \dfrac{24 \div \square}{32 \div \boxed{8}} = \dfrac{\square}{\square}$ ➡ $\dfrac{\cancel{24}}{32} = \dfrac{\square}{\square}$

10. $\dfrac{25}{40} = \dfrac{25 \div \square}{40 \div \boxed{5}} = \dfrac{\square}{\square}$ ➡ $\dfrac{\cancel{25}}{40} = \dfrac{\square}{\square}$

※ 최대공약수로 나누면 한번에 기약분수로 나타낼 수 있습니다.
급할때는 2나 3과 같은 수로 나눠보고, 약분이 더 되면 계속 나누다 기약분수를 구할 수도 있습니다.

84 통분

분수의 분모를 같게 하는 것을 **통분**한다고 하고, 통분한 분모를 **공통분모**라고 합니다.

방법 ① 크기가 같은 분수를 만들어 통분하기

$$\frac{1}{4} = \frac{2}{8} = \frac{3}{12} = \frac{4}{16} = \frac{5}{20} = \frac{6}{24} = \cdots$$

$$\frac{5}{6} = \frac{10}{12} = \frac{15}{18} = \frac{20}{24} = \frac{25}{30} = \cdots$$

$$\left(\frac{1}{4}, \frac{5}{6}\right) \Rightarrow \left(\frac{3}{12}, \frac{10}{12}\right) \Rightarrow \left(\frac{6}{24}, \frac{20}{24}\right), \cdots$$

※ 옆의 표와 같이 크기가 같은 분수를 나열하고,
그중 분모가 같은 분수끼리 짝지으면 공통분모를 가진 분수로 통분 됩니다.

크기가 같은 분수를 나열하고, 공통분모를 같은 분수끼리 짝짓는 방법으로 통분해 보세요.

01. $\dfrac{1}{2} = \dfrac{}{4} = \dfrac{}{6} = \dfrac{}{8} = \dfrac{}{10} = \dfrac{}{12} = \cdots$

$\dfrac{2}{3} = \dfrac{}{6} = \dfrac{}{9} = \dfrac{}{12} = \dfrac{}{15} = \dfrac{}{18} = \cdots$

$\left(\dfrac{1}{2}, \dfrac{2}{3}\right) \Rightarrow \left(\dfrac{}{6}, \dfrac{}{6}\right) \Rightarrow \left(\dfrac{}{12}, \dfrac{}{12}\right)$

02. $\dfrac{1}{2} = \dfrac{}{4} = \dfrac{}{6} = \dfrac{}{8} = \dfrac{}{10} = \dfrac{}{12} = \cdots$

$\dfrac{1}{4} = \dfrac{}{8} = \dfrac{}{12} = \dfrac{}{16} = \dfrac{}{20} = \dfrac{}{24} = \cdots$

$\left(\dfrac{1}{2}, \dfrac{1}{4}\right) \Rightarrow \left(\dfrac{}{4}, \dfrac{}{4}\right) \Rightarrow \left(\dfrac{}{8}, \dfrac{}{8}\right)$

03. $\left(\dfrac{1}{3}, \dfrac{3}{4}\right) \Rightarrow \left(\dfrac{}{12}, \dfrac{}{12}\right) \Rightarrow \left(\dfrac{}{24}, \dfrac{}{24}\right)$

04. $\left(\dfrac{3}{5}, \dfrac{3}{10}\right) \Rightarrow \left(\dfrac{}{10}, \dfrac{}{}\right) \Rightarrow \left(\dfrac{}{20}, \dfrac{}{}\right)$

05. $\left(\dfrac{1}{3}, \dfrac{5}{6}\right) \Rightarrow \left(\dfrac{}{6}, \dfrac{}{}\right) \Rightarrow \left(\dfrac{}{12}, \dfrac{}{}\right)$

06. $\left(\dfrac{1}{4}, \dfrac{3}{6}\right) \Rightarrow \left(\dfrac{}{12}, \dfrac{}{}\right) \Rightarrow \left(\dfrac{}{24}, \dfrac{}{}\right)$

07. $\left(\dfrac{2}{6}, \dfrac{4}{9}\right) = \left(\dfrac{}{18}, \dfrac{}{}\right) = \left(\dfrac{}{36}, \dfrac{}{}\right)$

08. $\left(\dfrac{1}{8}, \dfrac{5}{12}\right) = \left(\dfrac{}{24}, \dfrac{}{}\right) = \left(\dfrac{}{48}, \dfrac{}{}\right)$

※ 두 분수를 통분해도 값은 같습니다. 위의 문제에서 ➡ 으로 바꾼 분수는 값이 같으므로 = (등호)로 표시해도 됩니다.

85 분모의 곱으로 통분하기

 소리내 읽기

방법 ② 두 분수의 분모의 곱을 공통분모로 하여 통분하기

※ 분모와 분자에 옆 분수의 분모를 곱합니다.

$(\frac{1}{4}, \frac{5}{6})$ ➡ 두 분모의 곱 : $4 \times 6 = 24$

$(\frac{1}{4}, \frac{5}{6})$ ➡ $(\frac{1 \times 6}{4 \times 6}, \frac{5 \times 4}{6 \times 4})$ ➡ $(\frac{6}{24}, \frac{20}{24})$

※ 분모의 곱으로 통분하면

➡ 쉽게 통분할 수 있습니다. (무조건 분모끼리 곱하므로..)

➡ 분자와 분모가 큰 수가 나와 ,
다음 계산이 복잡해지기 쉽다는 단점이 있습니다.

 소리내 풀기

분모의 곱을 공통분모로 하여 통분하세요.

01. $(\frac{1}{2}, \frac{7}{8})$ ➡ 두 분모의 곱 : ☐

$(\frac{1}{2}, \frac{7}{8})$ ➡ $(\frac{1 \times ☐}{2 \times ☐}, \frac{7 \times ☐}{8 \times ☐})$ ➡ $(\frac{☐}{☐}, \frac{☐}{☐})$

05. $(\frac{3}{8}, \frac{1}{6})$ ➡ 두 분모의 곱 : ☐

$(\frac{3}{8}, \frac{1}{6})$ ➡ $(\frac{3 \times ☐}{8 \times ☐}, \frac{1 \times ☐}{6 \times ☐})$ ➡ $(\frac{☐}{☐}, \frac{☐}{☐})$

02. $(\frac{2}{3}, \frac{1}{5})$ ➡ 두 분모의 곱 : ☐

$(\frac{2}{3}, \frac{1}{5})$ ➡ $(\frac{2 \times ☐}{3 \times ☐}, \frac{1 \times ☐}{5 \times ☐})$ ➡ $(\frac{☐}{☐}, \frac{☐}{☐})$

06. $(\frac{1}{3}, \frac{2}{9})$ ➡ 두 분모의 곱 : ☐

$(\frac{1}{3}, \frac{2}{9})$ ➡ $(\frac{1 \times ☐}{3 \times ☐}, \frac{2 \times ☐}{9 \times ☐})$ ➡ $(\frac{☐}{☐}, \frac{☐}{☐})$

03. $(\frac{3}{4}, \frac{4}{7})$ ➡ 두 분모의 곱 : ☐

$(\frac{3}{4}, \frac{4}{7})$ ➡ $(\frac{3 \times ☐}{4 \times ☐}, \frac{4 \times ☐}{7 \times ☐})$ ➡ $(\frac{☐}{☐}, \frac{☐}{☐})$

07. $(\frac{5}{7}, \frac{1}{3})$ ➡ 두 분모의 곱 : ☐

$(\frac{5}{7}, \frac{1}{3})$ ➡ $(\frac{5 \times ☐}{7 \times ☐}, \frac{1 \times ☐}{3 \times ☐})$ ➡ $(\frac{☐}{☐}, \frac{☐}{☐})$

04. $(\frac{5}{6}, \frac{3}{4})$ ➡ 두 분모의 곱 : ☐

$(\frac{5}{6}, \frac{3}{4})$ ➡ $(\frac{5 \times ☐}{6 \times ☐}, \frac{3 \times ☐}{4 \times ☐})$ ➡ $(\frac{☐}{☐}, \frac{☐}{☐})$

08. $(\frac{3}{8}, \frac{4}{5})$ ➡ 두 분모의 곱 : ☐

$(\frac{3}{8}, \frac{4}{5})$ ➡ $(\frac{3 \times ☐}{8 \times ☐}, \frac{4 \times ☐}{5 \times ☐})$ ➡ $(\frac{☐}{☐}, \frac{☐}{☐})$

확인 (틀린 문제의 수를 적고, 약한 부분을 보충하세요.)

회차	틀린문제수
81 회	문제
82 회	문제
83 회	문제
84 회	문제
85 회	문제

생각해보기

앞에서 배운 5회차 내용이 모두 이해 되었나요?

1. 모두 이해되고 자신있다. → 다음 회로 넘어 갑니다.

2. 2~3문제 틀릴 수는 있겠지만 거의 이해한다.
   → 개념부분을 한번 더 읽고 다음 회로 넘어 갑니다.

3. 잘 모르는 것 같다.
   → 개념부분과 틀린문제를 한번 더 보고 다음 회로 넘어 갑니다.

틀린 문제가 있었다면 왜 틀렸을거라고 생각합니까?

1. 개념 설명이 어려워서 잘 모르겠다.   2. 다 아는데 실수한 것 같다.

3. 빨리 끝내고 싶어서 집중할 수가 없다.   4. 하기 싫어서….

오답노트 (앞에서 틀린 문제나 기억하고 싶은 문제를 적습니다.)

회	번
문제	풀이

회	번
문제	풀이

회	번
문제	풀이

회	번
문제	풀이

회	번
문제	풀이

소리내읽기

방법 ③ 분모의 최소공배수를 공통분모로 하여 통분하기

※ 분모가 최소공배수로 같도록 곱해줍니다.

$\left(\dfrac{1}{4}, \dfrac{5}{6}\right)$ ➡ 두 분모의 최소공배수 : 12

$\left(\dfrac{1}{4}, \dfrac{5}{6}\right)$ ➡ $\left(\dfrac{1\times3}{4\times3}, \dfrac{5\times2}{6\times2}\right)$ ➡ $\left(\dfrac{3}{12}, \dfrac{10}{12}\right)$

※ 분모의 최소공배수로 통분하면

➡ 가장 작은 분수로 통분되어 다음 계산이 쉬워집니다.

➡ 두 분모의 최소공배수를 먼저 구해야 되는 계산 단계가 더 들어 갑니다.

소리내풀기

분모의 최소공배수를 공통분모로 하여 통분하세요.

01. $\left(\dfrac{1}{2}, \dfrac{3}{4}\right)$ ➡ 두 분모의 최소공배수 : ☐

$\left(\dfrac{1}{2}, \dfrac{3}{4}\right)$ ➡ $\left(\dfrac{1\times}{2\times}, \dfrac{3\times}{4\times}\right)$ ➡ $\left(\dfrac{\ }{\ }, \dfrac{\ }{\ }\right)$

05. $\left(\dfrac{1}{6}, \dfrac{7}{9}\right)$ ➡ 두 분모의 최소공배수 : ☐

$\left(\dfrac{1}{6}, \dfrac{7}{9}\right)$ ➡ $\left(\dfrac{1\times}{6\times}, \dfrac{7\times}{9\times}\right)$ ➡ $\left(\dfrac{\ }{\ }, \dfrac{\ }{\ }\right)$

02. $\left(\dfrac{2}{3}, \dfrac{1}{6}\right)$ ➡ 두 분모의 최소공배수 : ☐

$\left(\dfrac{2}{3}, \dfrac{1}{6}\right)$ ➡ $\left(\dfrac{2\times}{3\times}, \dfrac{1\times}{6\times}\right)$ ➡ $\left(\dfrac{\ }{\ }, \dfrac{\ }{\ }\right)$

06. $\left(\dfrac{3}{4}, \dfrac{3}{10}\right)$ ➡ 두 분모의 최소공배수 : ☐

$\left(\dfrac{3}{4}, \dfrac{3}{10}\right)$ ➡ $\left(\dfrac{3\times}{4\times}, \dfrac{3\times}{10\times}\right)$ ➡ $\left(\dfrac{\ }{\ }, \dfrac{\ }{\ }\right)$

03. $\left(\dfrac{3}{4}, \dfrac{7}{8}\right)$ ➡ 두 분모의 최소공배수 : ☐

$\left(\dfrac{3}{4}, \dfrac{7}{8}\right)$ ➡ $\left(\dfrac{3\times}{4\times}, \dfrac{7\times}{8\times}\right)$ ➡ $\left(\dfrac{\ }{\ }, \dfrac{\ }{\ }\right)$

07. $\left(\dfrac{2}{9}, \dfrac{5}{12}\right)$ ➡ 두 분모의 최소공배수 : ☐

$\left(\dfrac{2}{9}, \dfrac{5}{12}\right)$ ➡ $\left(\dfrac{2\times}{9\times}, \dfrac{5\times}{12\times}\right)$ ➡ $\left(\dfrac{\ }{\ }, \dfrac{\ }{\ }\right)$

04. $\left(\dfrac{2}{5}, \dfrac{5}{7}\right)$ ➡ 두 분모의 최소공배수 : ☐

$\left(\dfrac{2}{5}, \dfrac{5}{7}\right)$ ➡ $\left(\dfrac{2\times}{5\times}, \dfrac{5\times}{7\times}\right)$ ➡ $\left(\dfrac{\ }{\ }, \dfrac{\ }{\ }\right)$

08. $\left(\dfrac{5}{6}, \dfrac{1}{8}\right)$ ➡ 두 분모의 최소공배수 : ☐

$\left(\dfrac{5}{6}, \dfrac{1}{8}\right)$ ➡ $\left(\dfrac{5\times}{6\times}, \dfrac{1\times}{8\times}\right)$ ➡ $\left(\dfrac{\ }{\ }, \dfrac{\ }{\ }\right)$

※ 두 수의 곱과 두 수의 최소공배수가 같을 수도 있겠죠^^

자연수는 자연수끼리, 분수는 분수끼리 더하는 방법으로 덧셈하여 값을 구하세요.

01. $2\dfrac{1}{2} + 1\dfrac{1}{4} = 2\dfrac{\boxed{}}{4} + 1\dfrac{\boxed{}}{4}$

$\qquad\qquad = (\ 2 + 1\ ) + \left(\dfrac{\boxed{}}{4} + \dfrac{\boxed{}}{4}\right)$

$\qquad\qquad = \boxed{}\dfrac{\boxed{}}{4}$

02. $2\dfrac{2}{3} + \dfrac{10}{21} =$

03. $1\dfrac{3}{4} + 1\dfrac{5}{8} =$

04. $3\dfrac{2}{3} + 2\dfrac{5}{7} =$

05. $1\dfrac{3}{4} + 2\dfrac{5}{14} =$

06. $2\dfrac{1}{5} + 2\dfrac{9}{10} =$

대분수를 가분수로 고쳐서 계산하는 방법으로 계산해 보세요.

07. $1\dfrac{5}{6} + 3\dfrac{7}{15} = \dfrac{\boxed{}}{6} + \dfrac{\boxed{}}{15}$

$\qquad\qquad = \dfrac{\boxed{}}{30} + \dfrac{\boxed{}}{30} = \dfrac{\boxed{}}{30}$

$\qquad\qquad = \dfrac{\boxed{}}{10} = \boxed{}\dfrac{\boxed{}}{\boxed{}}$

08. $\dfrac{2}{5} + 1\dfrac{13}{20} =$

09. $2\dfrac{1}{7} + 1\dfrac{5}{14} =$

10. $1\dfrac{3}{8} + 3\dfrac{7}{12} =$

11. $2\dfrac{5}{6} + 2\dfrac{1}{18} =$

12. $4\dfrac{5}{8} + 1\dfrac{5}{24} =$

88 대분수의 뺄셈 (연습)

소리내 풀기 자연수는 자연수끼리, 분수는 분수끼리 빼는 방법으로 계산하여 값을 구하세요.

01. $4\dfrac{1}{6} - 1\dfrac{1}{2} = 4\dfrac{\boxed{}}{6} - 1\dfrac{\boxed{}}{6}$

$= 3\dfrac{\boxed{}}{6} - 1\dfrac{\boxed{}}{6}$

$= \boxed{}\dfrac{\boxed{}}{\boxed{}} = \boxed{}\dfrac{\boxed{}}{\boxed{}}$

02. $2\dfrac{2}{3} - 1\dfrac{17}{21} =$

03. $6\dfrac{3}{4} - 3\dfrac{7}{8} =$

04. $3\dfrac{2}{3} - 2\dfrac{6}{7} =$

05. $5\dfrac{5}{14} - 2\dfrac{3}{4} =$

06. $1\dfrac{1}{5} - \dfrac{9}{10} =$

소리내 풀기 대분수를 가분수로 고쳐서 계산하는 방법으로 계산해 보세요.

07. $5\dfrac{8}{15} - 3\dfrac{5}{6} = \dfrac{\boxed{}}{15} - \dfrac{\boxed{}}{6}$

$= \dfrac{\boxed{}}{30} - \dfrac{\boxed{}}{30}$

$= \dfrac{\boxed{}}{30} = \dfrac{\boxed{}}{\boxed{}} = \boxed{}\dfrac{\boxed{}}{\boxed{}}$

08. $6\dfrac{3}{5} - 1\dfrac{17}{20} =$

09. $4\dfrac{2}{7} - 2\dfrac{11}{14} =$

10. $5\dfrac{1}{4} - 4\dfrac{7}{12} =$

11. $3\dfrac{5}{6} - \dfrac{17}{18} =$

12. $2\dfrac{17}{24} - 1\dfrac{7}{8} =$

Mon 월 일
분 초

4 문제 중 문제 맞았지!

직육면체에서 평행한 면

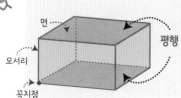

면 평행 모서리 꼭지점

① 직육면체에서 서로 마주 보고 있는 면은 평행합니다.

② 서로 평행한 면은 3쌍입니다.

직육면체에서 수직인 면

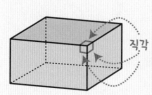

직각

① 직육면체에서 한 꼭지점을 중심으로 만나는 3 면은 모두 직각(90°)입니다.

② 서로 만나는 면은 수직입니다.

③ 한면과 수직인 면은 모두 4개입니다.

직육면체의 전개도 (모서리를 잘라 펼쳐 놓은 그림)

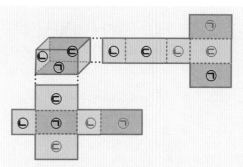

① 어떤 면을 밑에 놓을지, 어떻게 자를 지 정합니다.

② 잘리지 않은 모서리는 점선, 잘린 모서리는 실선으로 그립니다.

③ 서로 마주 보는 면은 모양과 크기가 같도록 그립니다.

④ 접었을때 서로 평행인 변의 길이는 같게 그립니다.

⑤ 모양과 크기가 같은 면이 3쌍인지, 겹치는 면은 없는지 확인합니다.

⑥ 전개도는 여러가지 모양으로 그릴 수 있습니다.

아래는 직육면체의 성질을 이야기 한 것입니다. 빈 칸에 알맞은 글을 적으세요. (다 푼후 2번 읽어 봅니다)

01. 라면박스, 필통과 같이 직사각형 6개로 둘러 쌓인 도형을

직육면체라고 하고, 직육면체는 마주보고 있는 면이 모두

[ ] 합니다. 그러므로 직육면체에서 평행한 면은 모두
평행/직각

[ ] 쌍 입니다.

02. 직육면체는 꼭지점이 [ ] 개 있습니다.

직육면체에서 한 꼭지점을 중심으로 만나는 면은 [ ] 개이고,

이 면들은 모두 [ ] 입니다.
평행/직각

직육면체의 한개의 면에는 수직으로 연결된 면 [ ] 개가

붙어 있습니다.

아래는 직육면체의 전개도를 이야기 한 것입니다. 빈 칸에 알맞은 글을 적으세요. (다 푼후 2번 읽어 봅니다)

03. 어떤 도형의 모서리를 잘라 펼쳐 놓은 것을 [ ] 라 하고,

잘리는 모서리는 [ ] 선으로 표시하고, 잘리지 않는 모서리는
실/점

[ ] 선으로 표시합니다. 전개도는 어떻게 자르냐에 따라
실/점

모양이 [ ] 로 나올 수 있습니다.
여러가지 / 한가지

04. 직육면체의 전개도를 그릴때 마주 보는 면은 모양과 크기를
같/다르

[ ] 도록 그리고, 접었을 때 만나거나 평행인 변의 길이는

[ ] 게 그립니다.
같/다르

직육면체는 모양과 크기가 같은 면 3 쌍이 모인 도형입니다.

직육면체의 전개도도 모양과 크기가 같은 면이 [ ] 쌍

있어야 합니다.

90 직사각형의 둘레와 넓이

소리내 읽기

직사각형은 가로와 세로가 각각 2개씩 있으므로

직사각형의 둘레 = (가로)+(세로)+(가로)+(세로)
= {(가로)+(세로)}×2

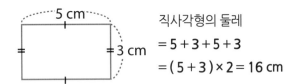

직사각형의 둘레
= 5+3+5+3
= (5 + 3)×2 = 16 cm

직사각형의 넓이는 (가로)×(세로) 입니다.

직사각형의 넓이 = (가로)×(세로)

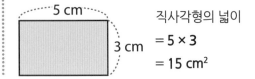

직사각형의 넓이
= 5×3
= 15 cm²

소리내 풀기

직사각형의 둘레와 넓이를 구하는 공식을 이해하고, 아래를 풀어 보세요.

01. 직사각형의 둘레에는 가로와 세로가 각각 ☐ 개씩 있습니다.

직사각형의 둘레 = (☐ + ☐) × ☐ 입니다.

04. 직사각형의 넓이는 (가로) 와 (세로)의 ☐ 입니다.
합/차/곱/나눔

직사각형의 넓이 = (가로) ☐ (세로) 입니다.

02. 아래 사각형의 둘레를 구하세요.

① 둘레 =
= ☐ cm

① 둘레 =
= ☐ cm

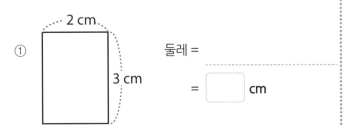

05. 아래 사각형의 넓이를 구하세요.

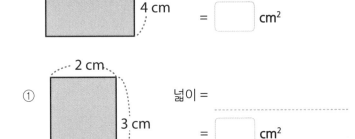

① 넓이 =
= ☐ cm²

① 넓이 =
= ☐ cm²

03. 정사각형의 둘레는 같은 변이 4 개 있으므로,

정사각형의 둘레 = (한 변) × ☐ 입니다.

둘레 =
= ☐ cm

06. 정사각형의 넓이는 가로와 세로가 같으므로

정사각형의 넓이 = (한 변) × (한 변) 입니다.

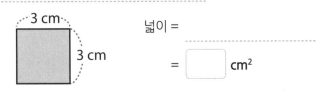

넓이 =
= ☐ cm²

※ 수학은 긴 문제를 간단히 하는 학문입니다. 사각형은 변이 4개인 도형이므로,
정사각형의 둘레는 한변의 길이 + 한변의 길이 + 한변의 길이 + 한변의 길이 이고
간단히 한변의 길이 × 4 로 값을 구할 수 있습니다.

확인 (틀린 문제의 수를 적고, 약한 부분을 보충하세요.)

회차	틀린문제수
86 회	문제
87 회	문제
88 회	문제
89 회	문제
90 회	문제

생각해보기

앞에서 배운 5회차 내용이 모두 이해 되었나요?

1. 모두 이해되고 자신있다. → 다음 회로 넘어 갑니다.

2. 2~3문제 틀릴 수는 있겠지만 거의 이해한다.
    → 개념부분을 한번 더 읽고 다음 회로 넘어 갑니다.

3. 잘 모르는 것 같다.
    → 개념부분과 틀린문제를 한번 더 보고 다음 회로 넘어 갑니다.

틀린 문제가 있었다면 왜 틀렸을거라고 생각합니까?

1. 개념 설명이 어려워서 잘 모르겠다.   2. 다 아는데 실수한 것 같다.

3. 빨리 끝내고 싶어서 집중할 수가 없다.   4. 하기 싫어서....

오답노트 (앞에서 틀린 문제나 기억하고 싶은 문제를 적습니다.)

회	번
문제	풀이

회	번
문제	풀이

회	번
문제	풀이

회	번
문제	풀이

회	번
문제	풀이

평행사변형의 넓이

평행사변형의 넓이 = (밑면) × (높이)

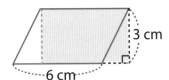

평행사변형의 넓이
= 직사각형의 넓이
= 6 × 3 = 18 cm²

※ 앞에 삐쳐나온 삼각형을 옆으로 붙이면 직사각형이 됩니다.

삼각형의 넓이

삼각형의 넓이 = { (밑면) × (높이) } ÷ 2

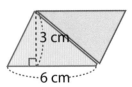

삼각형의 넓이
= 평행사변형의 넓이 ÷ 2
= (6 × 3) ÷ 2 = 9 cm²

※ 삼각형을 거꾸로 붙여 놓으면 평행사변형이 됩니다.

아래의 평행사변형과 삼각형의 넓이 구하는 식을 적고, 답을 구하세요.

01.
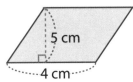

넓이 =

= ☐ cm²

02.
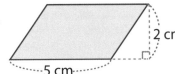

넓이 =

= ☐ cm²

03.
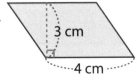

넓이 =

= ☐ cm²

04.
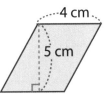

넓이 =

= ☐ cm²

05.
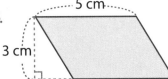

넓이 =

= ☐ cm²

06.
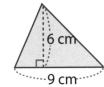

넓이 =

= ☐ cm²

07.
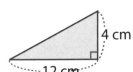

넓이 =

= ☐ cm²

08.
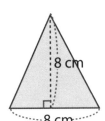

넓이 =

= ☐ cm²

09.
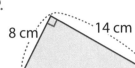

넓이 =

= ☐ cm²

10.
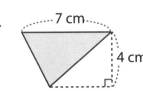

넓이 =

= ☐ cm²

사다리꼴의 넓이

사다리꼴의 넓이 = {(윗변)+(아랫변)}×(높이)÷2

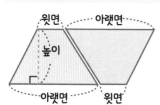

사다리꼴의 넓이
= 평행사변형의 넓이 ÷ 2

※ 똑같은 사다리꼴을 거꾸로해서 붙이면 아랫면+윗면이 한변이 되는 평행사변형이 됩니다.

마름모의 넓이

마름모의 넓이 = {(가로)×(세로)} ÷ 2

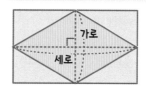

마름모의 넓이
= 큰 사각형의 넓이 ÷ 2
= (한대각선)×(다른 대각선)÷2
　　가로　　　　　세로

※ 마름모의 각 대각선의 길이로 큰 사각형을 그리면 마름모의 2배가 됩니다.

아래 사다리꼴과 마름모의 넓이 구하는 식을 적고, 답을 구하세요.

01.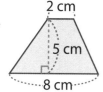
2 cm
5 cm
8 cm

넓이 =
＿＿＿＿＿＿
= ☐ cm²

02.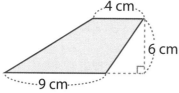
4 cm
6 cm
9 cm

넓이 =
＿＿＿＿＿＿
= ☐ cm²

03.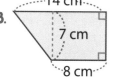
14 cm
7 cm
8 cm

넓이 =
＿＿＿＿＿＿
= ☐ cm²

04.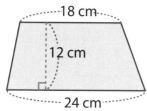
18 cm
12 cm
24 cm

넓이 =
＿＿＿＿＿＿
= ☐ cm²

05.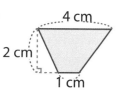
4 cm
2 cm
1 cm

넓이 =
＿＿＿＿＿＿
= ☐ cm²

06.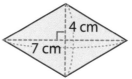
4 cm
7 cm

넓이 =
＿＿＿＿＿＿
= ☐ cm²

07.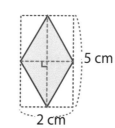
5 cm
2 cm

넓이 =
＿＿＿＿＿＿
= ☐ cm²

08.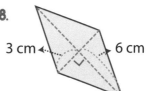
3 cm ← → 6 cm

넓이 =
＿＿＿＿＿＿
= ☐ cm²

09.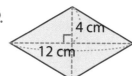
4 cm
12 cm

넓이 =
＿＿＿＿＿＿
= ☐ cm²

10.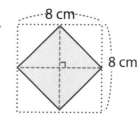
8 cm
8 cm

넓이 =
＿＿＿＿＿＿
= ☐ cm²

※ 도형의 넓이 문제는 어렵지 않습니다. 사각형의 넓이 (밑면×높이)만 알면 다른 도형의 넓이도 구할 수 있습니다.

색칠한 도형에 대한 설명을 보고 도형의 이름과 넓이를 구하세요.

01.
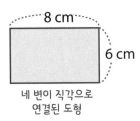
8 cm
6 cm
네 변이 직각으로
연결된 도형

도형
이름 : ____

넓이 = ____ cm²

06.
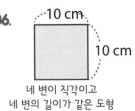
10 cm
10 cm
네 변이 직각이고
네 변의 길이가 같은 도형

도형
이름 : ____

넓이 = ____ cm²

02.

7 cm
9 cm
두 변이 평행하고
두변의 길이도 같은 도형

도형
이름 : ____

넓이 = ____ cm²

07.

9 cm 14 cm
한개의 각이 직각이고,
3개의 변으로 이루어진 도형

도형
이름 : ____

넓이 = ____ cm²

03.

4 cm
5 cm
꼭지점이 3개인
도형

도형
이름 : ____

넓이 = ____ cm²

08.
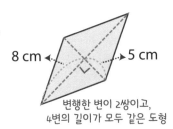
8 cm 5 cm
변행한 변이 2쌍이고,
4변의 길이가 모두 같은 도형

도형
이름 : ____

넓이 = ____ cm²

04.

3 cm
6 cm
9 cm
한 변이 평행한 도형

도형
이름 : ____

넓이 = ____ cm²

09.

13 cm
12 cm
평행한 변이 2쌍이고,
길이가 같은 변이 2쌍인 삼각형

도형
이름 : ____

넓이 = ____ cm²

05.

5 cm
9 cm
네 변의 길이가 같은 도형

도형
이름 : ____

넓이 = ____ cm²

10.

12 cm
10 cm
15 cm
한 변이 평행한 사각형

도형
이름 : ____

넓이 = ____ cm²

※ 도형의 넓이 문제는 어렵지 않습니다. 사각형의 넓이 (밑면×높이)만 알면 다른 도형의 넓이도 구할 수 있습니다.
공식이 생각나지 않는다면, 도형을 연장해 보거나, 똑같은 것을 뒤집어 붙여 보거나 해보세요, 사각형이 나올거에요^^

94 분수와 소수의 관계

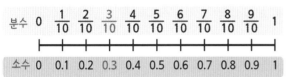

분모가 10인 분수와 소수

1을 10등분 한 하나를 분수로 $\frac{1}{10}$, 소수로 0.1 이라 합니다.
십분의 일   영점일

분수	0	$\frac{1}{10}$	$\frac{2}{10}$	$\frac{3}{10}$	$\frac{4}{10}$	$\frac{5}{10}$	$\frac{6}{10}$	$\frac{7}{10}$	$\frac{8}{10}$	$\frac{9}{10}$	1
소수	0	0.1	0.2	0.3	0.4	0.5	0.6	0.7	0.8	0.9	1

$\frac{1}{10} = 0.1$ $\frac{3}{10} = 0.3$ $2\frac{3}{10} = 2.3$

10개 중 1개   10개 중 3개   10개 중 23개

분모가 100인 분수와 소수, 1000인 분수와 소수

1을 100등분 한 하나를 분수로 $\frac{1}{100}$, 소수로 0.01 이라 합니다.
백분의 일   영점영일

$\frac{1}{100} = 0.01$ $\frac{23}{100} = 0.23$ $4\frac{23}{100} = 4.23$

1을 1000등분 한 하나를 분수로 $\frac{1}{1000}$, 소수로 0.001 이라 합니다.
천분의 일   영점영영일

$\frac{1}{1000} = 0.001$ $\frac{23}{1000} = 0.023$ $4\frac{123}{1000} = 4.123$

1000개 중 1개   1000개 중 23개   1000개 중 4123개

아래는 소수를 설명한 것입니다. 빈칸에 알맞은 수나 글을 적으세요. (다 적은 후 2번 더 읽어보세요.)

01. 점을 사용하여 1 보다 작은 값을 표시하기 위해 ☐ 를
(자연수, 소수, 분수)
사용하고, 이 때 쓰이는 점을 **소수점**이라고 합니다.

02. $\frac{2}{10}$ 는 소수로 ☐ 이고, ☐ 라 읽고,

$\frac{2}{100}$ 는 소수로 ☐ 이고, **영점영이**라 읽고,

$\frac{2}{1000}$ 는 소수로 ☐ 이고, ☐ 라 읽습니다.

03. 4.123에서 4는 일의 자리 숫자이고 4를 나타냅니다.

→ 1은 소수 첫째 자리 숫자이고 ☐ 을 나타내고,

→ 2는 소수 둘째 자리 숫자이고 0.02를 나타냅니다.

→ 3은 소수 세째 자리 숫자이고 0.003을 나타냅니다.

04. 5.38은 5와 0.3과 0.08의 합과 같습니다.

3.27은 ☐ 과 ☐ 와 ☐ 의 합과 같습니다.

8.007은 ☐ 과 ☐ 의 합과 같습니다.

아래의 ☐ 에 적당한 수나 글을 적으세요.

05.  분수 : ☐   소수 : ☐

06. 분수 : $\frac{27}{100}$ = 소수 : ☐

07. 분수 : $\frac{3476}{1000}$ = 소수 : ☐

08.

$\frac{200}{100}$ $\frac{10}{100}$ $\frac{7}{100}$

$2.17 = 2 + \dfrac{1}{☐} + \dfrac{7}{☐} = \dfrac{217}{☐}$

09. $7 + 0.1 + \dfrac{2}{100} + \dfrac{9}{1000} = 7.☐ = \dfrac{☐}{☐}$
       0.02   0.009

10. $\dfrac{2}{10} + 0.05 + 0.007 = \dfrac{☐}{☐} = 0.☐$

$\frac{200}{1000}$ $\frac{50}{1000}$ $\frac{7}{1000}$

0.2

이어서 나는 ☐ 을(를) 공부/연습할거야!!

분모를 10,100,1000인 분수로 고쳐서 나타냅니다.

$\frac{1}{10}$은 0.1, $\frac{1}{100}$은 0.01, $\frac{1}{1000}$은 0.001이므로,

분모가 10, 100, 1000이 아닌 분수는

분모를 10, 100, 1000인 분수로 고쳐서 나타냅니다.

분자와 분모에 같은수를 곱하는 방법으로

분모를 10,100,1000인 분수로 만들 수 있습니다.

$\frac{2}{5} = \frac{2 \times 2}{5 \times 2} = \frac{4}{10} = 0.4$ 소수점 밑에 숫자 1개 ➡ 소수 한자리수

$\frac{3}{4} = \frac{3 \times 25}{4 \times 25} = \frac{75}{100} = 0.75$ 소수점 밑에 숫자 2개 ➡ 소수 두자리수

$\frac{5}{8} = \frac{5 \times 125}{8 \times 125} = \frac{625}{1000} = 0.625$ 소수점 밑에 숫자 3개 ➡ 소수 세자리수

아래의 수에 어떤 수를 곱하여 10, 100, 1000을 만들어 보세요. (다 풀어 보고, 12번문제 까지의 수를 외우도록 합니다.)

01. $2 \times \boxed{} = 10$

02. $20 \times \boxed{} = 100$

03. $200 \times \boxed{} = 1000$

04. $4 \times \boxed{} = 100$

05. $40 \times \boxed{} = 1000$

06. $5 \times \boxed{} = 10$

07. $50 \times \boxed{} = 100$

08. $500 \times \boxed{} = 1000$

09. $25 \times \boxed{} = 100$

10. $250 \times \boxed{} = 1000$

11. $8 \times \boxed{} = 1000$

12. $125 \times \boxed{} = 1000$

아래의 분수를 소수로 나타내세요.

13. $\frac{1}{2} = \frac{1 \times \boxed{}}{2 \times \boxed{}} = \boxed{} = \boxed{}$

14. $\frac{1}{5} = \frac{1 \times \boxed{}}{5 \times \boxed{}} = \boxed{} = \boxed{}$

15. $\frac{1}{20} = \frac{1 \times \boxed{}}{20 \times \boxed{}} = \boxed{} = \boxed{}$

16. $\frac{1}{4} = \frac{1 \times \boxed{}}{4 \times \boxed{}} = \boxed{} = \boxed{}$

17. $\frac{1}{40} = \frac{1 \times \boxed{}}{40 \times \boxed{}} = \boxed{} = \boxed{}$

18. $\frac{1}{8} = \frac{1 \times \boxed{}}{8 \times \boxed{}} = \boxed{} = \boxed{}$

19. $\frac{1}{250} = \frac{1 \times \boxed{}}{250 \times \boxed{}} = \boxed{} = \boxed{}$

20. $\frac{1}{125} = \frac{1 \times \boxed{}}{125 \times \boxed{}} = \boxed{} = \boxed{}$

※ 자연수에서 어떤수를 곱하여 10,100,1000이 나올 수 있는 경우는 1번~12번 문제 밖에 없습니다. (가능한 외우도록 합니다.)

확인 (틀린 문제의 수를 적고, 약한 부분을 보충하세요.)

회차	틀린문제수
91 회	문제
92 회	문제
93 회	문제
94 회	문제
95 회	문제

생각해보기

앞에서 배운 5회차 내용이 모두 이해 되었나요?

1. 모두 이해되고 자신있다. → 다음 회로 넘어 갑니다.

2. 2~3문제 틀릴 수는 있겠지만 거의 이해한다.
   → 개념부분을 한번 더 읽고 다음 회로 넘어 갑니다.

3. 잘 모르는 것 같다.
   → 개념부분과 틀린문제를 한번 더 보고 다음 회로 넘어 갑니다.

틀린 문제가 있었다면 왜 틀렸을거라고 생각합니까?

1. 개념 설명이 어려워서 잘 모르겠다.   2. 다 아는데 실수한 것 같다.

3. 빨리 끝내고 싶어서 집중할 수가 없다.   4. 하기 싫어서....

오답노트 (앞에서 틀린 문제나 기억하고 싶은 문제를 적습니다.)

회	번
문제	풀이

회	번
문제	풀이

회	번
문제	풀이

회	번
문제	풀이

회	번
문제	풀이

96 분수를 소수로 나타내기 (2)

소리내 읽기

(분자) ÷ (분모)의 몫이 소수가 됩니다.

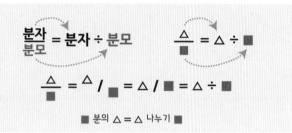

분자를 분모로 직접 **나눈 몫**이 소수가 됩니다.

$$\frac{1}{5} = 1 \div 5 = 0.2 \qquad \frac{1}{25} = 1 \div 25 = 0.04$$

$$3\frac{1}{25} = 3 + \frac{1}{25} = 3 + (1 \div 25) = 3.04$$

자연수는 자연수 부분으로 보냅니다.

소리내 풀기

분자를 분모로 직접 나누는 방법으로 아래 분수를 소수로 만들어 보세요.

(다 풀어 보고, 10번문제까지의 값을 가능한 외우도록 합니다.) - 직접 나누는 방법은 이 책의 후반부에 나옵니다.

01. $\dfrac{1}{2}$ = ☐ ÷ ☐ = 0.5

02. $\dfrac{1}{4}$ = ☐ ÷ ☐ = 0.25

03. $\dfrac{1}{5}$ = ☐ ÷ ☐ = 0.2

04. $\dfrac{1}{8}$ = ☐ ÷ ☐ = 0.125

05. $\dfrac{1}{20}$ = ☐ ÷ ☐ = 0.05

06. $\dfrac{1}{25}$ = ☐ ÷ ☐ = 0.04

07. $\dfrac{1}{40}$ = ☐ ÷ ☐ = 0.025

08. $\dfrac{1}{50}$ = ☐ ÷ ☐ = 0.02

09. $\dfrac{1}{200}$ = ☐ ÷ ☐ = 0.005

10. $\dfrac{1}{500}$ = ☐ ÷ ☐ = 0.002

11. $1\dfrac{1}{2}$ = 1 + ☐ ÷ ☐ = ☐

12. $3\dfrac{1}{4}$ = 3 + ☐ ÷ ☐ = ☐

13. $2\dfrac{1}{5}$ = 2 + ☐ ÷ ☐ = ☐

14. $5\dfrac{1}{8}$ = 5 + ☐ ÷ ☐ = ☐

15. $4\dfrac{1}{20}$ = 4 + ☐ ÷ ☐ = ☐

16. $6\dfrac{1}{25}$ = 6 + ☐ ÷ ☐ = ☐

17. $2\dfrac{1}{40}$ = 2 + ☐ ÷ ☐ = ☐

18. $1\dfrac{1}{50}$ = 1 + ☐ ÷ ☐ = ☐

19. $4\dfrac{1}{200}$ = 4 + ☐ ÷ ☐ = ☐

20. $7\dfrac{1}{500}$ = 7 + ☐ ÷ ☐ = ☐

월 일
분 초

9 문제 중
문제
맞았어!

이어서 나는 _____ 을(를) 공부/연습할거야!!

0.4 × 0.3의 계산 ③ : 자연수의 곱셈으로 계산하기

4 × 3 = 12	자연수 × 자연수 = 자연수
4 × 0.3 = 1.2 소수 1자리수 ↘ 1칸	자연수 × 소수1자리수 = 뒤에서 1칸
0.4 × 3 = 1.2 소수 1자리수 ↘ 1칸	소수1자리수 × 자연수 = 뒤에서 1칸
0.4 × 0.3 = 0.12 소수 1자리수 소수 1자리수 ↘↘ 2칸	소수1자리수 × 소수1자리수 = 뒤에서 2칸

자연수의 곱셈을 계산하고, 소수 자리수만큼 소수점을 찍습니다.

2 5 7 × 3 6 = 9 2 5 2

2 5.7 × 3 6 = 9 2 5.2
1칸 ↘ 1칸

2 5.7 × 3.6 = 9 2 5.2
1칸 1칸 ↘↘ 2칸

2.5 7 × 3.6 = 9.2 5 2
2칸 1칸 ↘↘↘ 3칸

자연수의 곱셈의
값을 알면
같은 배열의 소수의
곱도 계산할 수 있습니다.

아래 자연수의 값을 보고, 소수의 곱셈을 계산하여 값을 적으세요.

01.
52 × 28 = 1456

5.2 × 28 = ☐

0.52 × 28 = ☐

0.52 × 2.8 = ☐

02.
21 × 19 = 399

21 × 1.9 = ☐

2.1 × 1.9 = ☐

0.21 × 1.9 = ☐

03.
212 × 4.2 = 890.4

212 × 42 = ☐

21.2 × 42 = ☐

2.12 × 4.2 = ☐

04.
2392 × 3 = 7176

239.2 × 3 = ☐

23.92 × 3 = ☐

2.392 × 3 = ☐

05.
53 × 1.59 = 84.27

53 × 15.9 = ☐

53 × 159 = ☐

5.3 × 159 = ☐

06.
5.4 × 25 = 135.0

54 × 25 = ☐

5.4 × 25 = ☐

54 × 0.25 = ☐

07.
1925 × 4 = 7700

192.5 × 4 = ☐

19.25 × 4 = ☐

1.925 × 4 = ☐

08.
320 × 25 = 8000

32.0 × 25 = ☐

3.20 × 25 = ☐

3.20 × 2.5 = ☐

09.
15 × 270 = 4050

15 × 27 = ☐

1.5 × 270 = ☐

0.15 × 27 = ☐

98 0을 내려 계산하는 소수÷자연수

2.1 ÷ 6의 계산 ②: 자연수의 나눗셈을 이용하기

$\times \frac{1}{100}$

$210 ÷ 6 = 35$ ➡ $2.10 ÷ 6 = 0.35$

자연수 부분에 0을 붙여 줍니다.

$\times \frac{1}{100}$

$210 ÷ 6 = 35$ ➡ $2.1 ÷ 6 = 0.35$
소수 2자리 = 2.10   소수 2자리

21.4 ÷ 4의 계산

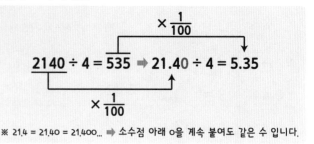

$\times \frac{1}{100}$

$2140 ÷ 4 = 535$ ➡ $21.40 ÷ 4 = 5.35$

$\times \frac{1}{100}$

※ 21.4 = 21.40 = 21.400... ➡ 소수점 아래 0을 계속 붙여도 같은 수 입니다.

자연수의 나눗셈을 이용하여, 아래 나눗셈의 몫을 소수로 구하세요.

01. $1130 ÷ 2 = $ **565**
$11.30 ÷ 2 = $ ☐
소수 2자리   소수 2자리

02. $1060 ÷ 4 = $ **265**
$10.60 ÷ 4 = $ ☐

03. $2060 ÷ 5 = $ **412**
$20.60 ÷ 5 = $ ☐

04. $2520 ÷ 8 = $ **315**
$25.20 ÷ 8 = $ ☐

05. $3750 ÷ 6 = $ ☐
$3.750 ÷ 6 = $ ☐

06. $3340 ÷ 4 = $ ☐
$3.340 ÷ 4 = $ ☐

07. $1250 ÷ 2 = $ **625**
$12.5 ÷ 2 = $ ☐
소수 1자리 ?   소수 2자리

08. $1360 ÷ 5 = $ **272**
$13.6 ÷ 5 = $ ☐

09. $2970 ÷ 6 = $ **495**
$29.7 ÷ 6 = $ ☐

10. $3080 ÷ 8 = $ **385**
$30.8 ÷ 8 = $ ☐

11. $2260 ÷ 4 = $ ☐
$22.6 ÷ 4 = $ ☐

12. $3510 ÷ 5 = $ ☐
$35.1 ÷ 5 = $ ☐

13. $130 ÷ 2 = $ **65**
$1.30 ÷ 2 = $ ☐
소수 2자리   소수 2자리

14. $270 ÷ 6 = $ **45**
$2.70 ÷ 6 = $ ☐

15. $220 ÷ 4 = $ **55**
$2.20 ÷ 4 = $ ☐

16. $160 ÷ 5 = $ **32**
$1.6 ÷ 5 = $ ☐

17. $150 ÷ 6 = $ ☐
$1.5 ÷ 6 = $ ☐

18. $340 ÷ 4 = $ ☐
$3.4 ÷ 4 = $ ☐

99 분수의 곱셈 (연습)

아래를 계산하여 값을 구하세요.

01. $6 \times \dfrac{2}{15} =$

02. $\dfrac{5}{12} \times 4 =$

03. $\dfrac{8}{9} \times \dfrac{1}{16} =$

04. $\dfrac{1}{8} \times \dfrac{3}{7} =$

05. $7 \times 1\dfrac{1}{28} =$

06. $2\dfrac{1}{20} \times 8 =$

07. $\dfrac{5}{9} \times 4\dfrac{1}{2} =$

08. $\dfrac{4}{5} \times 4\dfrac{1}{6} =$

09. $2\dfrac{1}{7} \times \dfrac{2}{3} =$

10. $3\dfrac{1}{9} \times \dfrac{3}{14} =$

11. $2\dfrac{2}{5} \times 3\dfrac{1}{18} =$

12. $3\dfrac{4}{7} \times 3\dfrac{4}{15} =$

13. $6\dfrac{2}{9} \times 4\dfrac{1}{2} =$

14. $1\dfrac{1}{4} \times 4\dfrac{2}{25} =$

15. $4\dfrac{1}{8} \times 2\dfrac{1}{3} =$

16. $1\dfrac{3}{5} \times 3\dfrac{1}{5} =$

17. $3\dfrac{7}{9} \times 1\dfrac{4}{17} =$

18. $2\dfrac{4}{7} \times 1\dfrac{2}{9} =$

19. $8\dfrac{2}{3} \times 2\dfrac{1}{39} =$

20. $2\dfrac{11}{12} \times 1\dfrac{3}{25} =$

소리내 풀기   분모를 통분하여 계산하는 방법으로 계산하세요.

소리내 풀기   곱셈으로 고쳐서 계산하세요.

01. $\dfrac{1}{2} \div \dfrac{3}{4} = \dfrac{\;\;}{4} \div \dfrac{\square}{4} = \dfrac{\;\;}{\;} \div \square = \dfrac{\;\;}{\;\;}$

09. $\dfrac{1}{6} \div \dfrac{2}{3} = \dfrac{\quad}{\quad} \times \dfrac{\quad}{\quad} = \dfrac{\quad}{\quad}$

02. $2 \div \dfrac{2}{3} =$

10. $5 \div \dfrac{8}{9} =$

03. $\dfrac{3}{4} \div 1 =$

11. $\dfrac{6}{7} \div 4 =$

04. $\dfrac{5}{9} \div \dfrac{5}{8} =$

12. $\dfrac{3}{8} \div \dfrac{1}{2} =$

05. $\dfrac{1}{6} \div \dfrac{2}{5} =$

13. $\dfrac{5}{18} \div \dfrac{5}{6} =$

06. $2\dfrac{1}{4} \div \dfrac{3}{8} =$

14. $1\dfrac{1}{4} \div \dfrac{3}{8} =$

07. $\dfrac{7}{9} \div 2\dfrac{4}{5} =$

15. $\dfrac{15}{24} \div 2\dfrac{2}{9} =$

08. $3\dfrac{3}{5} \div 2\dfrac{1}{7} =$

16. $4\dfrac{1}{6} \div 3\dfrac{3}{4} =$

※ 문제를 푸는 방법은 여러가지 일 수 있습니다.
　문제에서 시키는 방법으로 풀어보고, 어떤 방법이 더 쉬운지 생각해 봅니다.

※ 문제를 풀때는 순서대로 예쁘게 적으면서 풉니다.
　문제를 푼 후에 검산할 수 있을 정도로 정성들여 풀도록 합니다.

확인 (틀린 문제의 수를 적고, 약한 부분을 보충하세요.)

회차	틀린문제수
96 회	문제
97 회	문제
98 회	문제
99 회	문제
100 회	문제

생각해보기

앞에서 배운 5회차 내용이 모두 이해 되었나요?

1. 모두 이해되고 자신있다. → 다음 회로 넘어 갑니다.

2. 2~3문제 틀릴 수는 있겠지만 거의 이해한다.
   → 개념부분을 한번 더 읽고 다음 회로 넘어 갑니다.

3. 잘 모르는 것 같다.
   → 개념부분과 틀린문제를 한번 더 보고 다음 회로 넘어 갑니다.

틀린 문제가 있었다면 왜 틀렸을거라고 생각합니까?

1. 개념 설명이 어려워서 잘 모르겠다.   2. 다 아는데 실수한 것 같다.

3. 빨리 끝내고 싶어서 집중할 수가 없다.   4. 하기 싫어서....

오답노트 (앞에서 틀린 문제나 기억하고 싶은 문제를 적습니다.)

회	번
문제	풀이

회	번
문제	풀이

회	번
문제	풀이

회	번
문제	풀이

회	번
문제	풀이

스스로 알아서 하는

하루 10분 수학

12단계 총정리문제

6학년 2학기 과정 8회분

 아래 소수의 나눗셈을 분수로 고쳐서 계산하는 방법으로 계산하여 몫을 소수나 자연수로 구하세요.

01. $0.16 \div 0.2 = \dfrac{16}{100} \div \dfrac{20}{100} = 16 \div 20 = \boxed{}$

※ 10, 100, 1000…을 분모로 갖는 분수로 만들어 분자만 나누는 방법으로 계산하세요.

02. $0.45 \div 0.5 = \dfrac{4.5}{10} \div \dfrac{5}{10} = 4.5 \div 5 = \boxed{}$

※ 분자가 모두 자연수가 되도록 만들어도 되고, 한개만 자연수가 되도록 만들어도 됩니다.

03. $13.2 \div 0.06 = \dfrac{\boxed{}}{100} \div \dfrac{\boxed{}}{100} = \boxed{} \div \boxed{} = \boxed{}$

04. $2.6 \div 0.013 = \dfrac{\boxed{}}{1000} \div \dfrac{\boxed{}}{1000} = \boxed{} \div \boxed{} = \boxed{}$

05. $3.84 \div 0.016 = \dfrac{\boxed{}}{\boxed{}} \div \dfrac{\boxed{}}{100} = \boxed{} \div \boxed{} = \boxed{}$

06. $2.7 \div 0.45 = \dfrac{\boxed{}}{\boxed{}} \div \dfrac{\boxed{}}{\boxed{}} = \boxed{} \div \boxed{} = \boxed{}$

07. $0.5 \div 0.25 = \dfrac{\boxed{}}{\boxed{}} \div \dfrac{\boxed{}}{\boxed{}} = \boxed{} \div \boxed{} = \boxed{}$

08. $1.99 \div 0.199 = \dfrac{\boxed{}}{\boxed{}} \div \dfrac{\boxed{}}{\boxed{}} = \boxed{} \div \boxed{} = \boxed{}$

 아래 소수의 나눗셈을 소수점을 옮겨 세로로 계산하는 방법으로 몫을 구하세요.

09. $0.24 \div 0.6 = 24 \div 60 = \boxed{}$

※ 소수점의 자리를 똑같이 이동하여 나눗셈 합니다.

10. $0.84 \div 1.4 = \boxed{} \div 14 = \boxed{}$

※ 두 수가 모두 자연수가 되도록 만들어도 되고, 한개만 자연수가 되도록 만들어도 됩니다.

11. $0.264 \div 3.3 = \boxed{} \div \boxed{} = \boxed{}$

12. $0.064 \div 0.04 = \boxed{} \div \boxed{} = \boxed{}$

13. $2.205 \div 1.05 = \boxed{} \div \boxed{} = \boxed{}$

🍎 소리내 풀기 소수 1째자리까지 몫을 구하고, 그 몫과 나머지를 이용하여 검산하세요.

01. 2.6÷6= [   ] … [   ]

6) 2.6

검산) 6 × [   ] + [   ] = 2.6

02. 4.1÷8= [   ] … [   ]

검산)

03. 15÷12= [   ] … [   ]

검산)

04. 4.8÷3.4= [   ] … [   ]

검산)

05. 11÷5.2= [   ] … [   ]

검산)

06. 0.76÷0.9= [   ] … [   ]

검산)

07. 13.16÷7.2= [   ] … [   ]

검산)

08. 35.3÷8.4= [   ] … [   ]

검산)

09. 15.65÷4= [   ] … [   ]

검산)

 아래의 문제를 풀어 값을 구하세요.

01. $2\dfrac{1}{4} - \dfrac{1}{6} - \dfrac{1}{2} =$

02. $\dfrac{3}{5} + 3\dfrac{1}{2} - \dfrac{5}{6} =$

03. $\dfrac{5}{9} + \dfrac{1}{3} + 1\dfrac{1}{6} =$

04. $1\dfrac{1}{3} - \dfrac{3}{4} + 2\dfrac{5}{12} =$

05. $4\dfrac{1}{4} - 2\dfrac{9}{10} - \dfrac{3}{5} =$

06. $3\dfrac{1}{8} + 1\dfrac{5}{6} - 1\dfrac{1}{2} =$

07. $3\dfrac{2}{15} - 2\dfrac{1}{9} - \dfrac{2}{3} =$

※ 분수의 계산에서는 +,-은 통분!! ×,÷은 약분을 잘해야 됩니다.^^ 답을 적을때는 꼭 기약분수로 !!!

월 일
분 초

20 문제 중
문제
맞힘

 소리내 풀기

아래의 비를 간단한 자연수의 비로 나타내세요.

01. $15 : 5 =$

02. $3 : 33 =$

03. $4 : 12 =$

04. $8.1 : 0.9 =$

05. $0.01 : 2.1 =$

06. $0.3 : 1.5 =$

07. $4 : 0.04 =$

08. $0.12 : 2.4 =$

09. $5.6 : 0.08 =$

10. $2.1 : 2.31 =$

11. $\dfrac{1}{2} : \dfrac{1}{4} =$

12. $\dfrac{7}{9} : \dfrac{2}{3} =$

13. $1\dfrac{1}{2} : \dfrac{1}{3} = \dfrac{3}{2} : \dfrac{1}{3} = \dfrac{9}{6} : \dfrac{2}{6} =$

대분수는 **가분수**로 고쳐
계산합니다.

14. $\dfrac{3}{5} : 2\dfrac{3}{4} =$

15. $\dfrac{3}{8} : 0.5 =$

16. $\dfrac{1}{4} : 1.5 = \dfrac{1}{4} : \dfrac{15}{10} = \dfrac{5}{20} : \dfrac{30}{20} =$

소수를 **분수**로 고쳐
계산합니다.

17. $1.6 : \dfrac{4}{5} =$

18. $2.4 : 2\dfrac{2}{5} =$

19. $1\dfrac{1}{3} : 2.4 =$

20. $0.5 : 4\dfrac{1}{6} =$

 소리내 풀기 비례식의 성질을 이용하여 모르는 ▢ 을 구하려고 합니다. 풀이과정을 적고, ▢ 를 구하세요.

01. $1 : 2 = 4 : $

02. $6 : 3 = : 36$

03. $3.6 : = 4 : 5$

04. $: 0.8 = 10 : 4$

05. $12 : 4 = 0.6 : $

06. $6 : 4.5 = : 1.5$

07. $12 : = 4 : 6$

08. $1 : 4 = \dfrac{3}{8} : $

09. $2 : 2\dfrac{1}{2} = : 15$

10. $\dfrac{2}{3} : \dfrac{1}{4} = \dfrac{1}{6} : $

11. $: 4 = \dfrac{2}{3} : 1\dfrac{3}{5}$

12. $1.6 : \dfrac{4}{15} = 4 : $

13. $: 1.2 = \dfrac{3}{5} : 24$

14. $21 : = 7 : 3\dfrac{3}{10}$

 소리내 풀기

아래는 "비례배분"에 대한 문제입니다. 빈 칸에 알맞은 글이나 수를 써 넣으세요

01. 전항과 후항의 합을 분모로 하는 분수의 비로 바꿔 보세요.

① 1 : 1 =   :

② 3 : 2 =   :

③ 5 : 7 =   :

④ 4 : 6 =   :

⑤ 9 : 1 =   :

⑥ 5 : 1 =   :

⑦ 2 : 9 =   :

⑧ 12 : 4 =   :

⑨ 8 : 19 =   :

⑩ 25 : 15 =   :

02. 8개를 3 : 1 로 나눠 가지려면

_____ 개, _____ 개로 나눠가지면 됩니다.

전항 =   ×   =   ×   =

후항 =   ×   =   ×   =

03. 12개를 1 : 2 로 나눠 가지려면

_____ 개, _____ 개로 나눠가지면 됩니다.

전항 =   ×   =   ×   =

후항 =   ×   =   ×   =

04. 30개를 2 : 3 로 나눠 가지려면

_____ 개, _____ 개로 나눠가지면 됩니다.

전항 =   ×   =   ×   =

후항 =   ×   =   ×   =

05. 12개를 5 : 1 로 나눠 가지려면

_____ 개, _____ 개로 나눠가지면 됩니다.

전항 =   ×   =   ×   =

후항 =   ×   =   ×   =

06. 50개를 12 : 13 으로 나눠 가지려면

_____ 개, _____ 개로 나눠가지면 됩니다.

전항 =   ×   =   ×   =

후항 =   ×   =   ×   =

07. 100개를 1 : 1 로 나눠 가지려면

_____ 개, _____ 개로 나눠가지면 됩니다.

전항 =   ×   =   ×   =

후항 =   ×   =   ×   =

08. 100개를 49 : 1 으로 나눠 가지려면

_____ 개, _____ 개로 나눠가지면 됩니다.

전항 =   ×   =   ×   =

후항 =   ×   =   ×   =

쌓기나무를 보고 위, 앞, 옆에서 본 모양을 그려 보세요.

01.

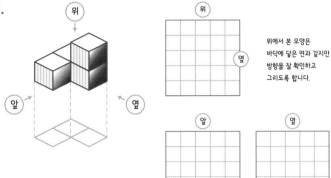

위에서 본 모양은
바닥에 닿은 면과 같지만
방향을 잘 확인하고
그리도록 합니다.

02.

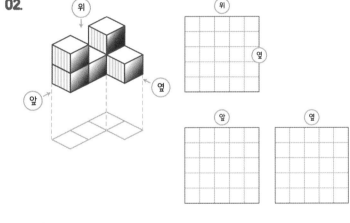

03.

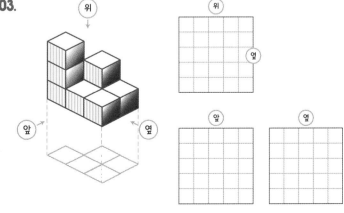

04.

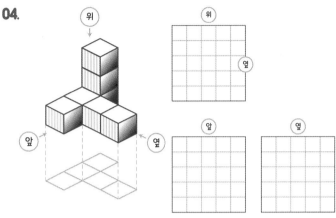

05.

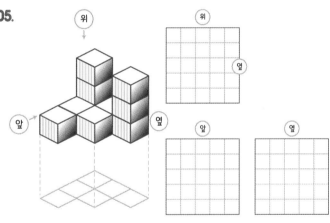

06.

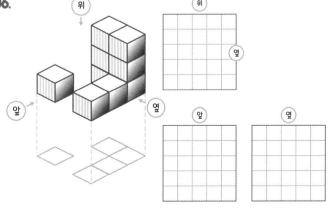

아래 원기둥의 겉넓이와 부피를 구하세요. (원주율 : 3.14)

01.

10 cm
30 cm

겉넓이는 [   ] cm²이고, 부피는 [   ] cm³입니다.

03.

40 cm
100 cm

겉넓이는 [   ] cm²이고, 부피는 [   ] cm³입니다.

02.

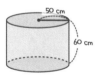
50 cm
60 cm

겉넓이는 [   ] cm²이고, 부피는 [   ] cm³입니다.

04.

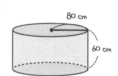
80 cm
60 cm

겉넓이는 [   ] cm²이고, 부피는 [   ] cm³입니다.

스스로 알아서 하는
하루 10분 수학

12단계

정답지

6학년 2학기 과정

01회 (12p)

① 나눗셈 ② 2, 5, 4 ③ 1.25, 1.5, 0.75
④ 비 ⑤ 3:4, 4:3 ⑥ (7,3), (3,7), (7,3) ,(7,3)
⑦ 4:1, (4,1), (1,4), (4,1), (4,1)

오늘부터 하루10분수학을 꾸준히 정한 시간에 하도록 합니다.
위의 설명을 꼼꼼히 읽고, 그 방법대로 천천히 풀어봅니다.
빨리 푸는 것보다는 정확히 풀도록 노력하고,
틀린 문제나 중요한 문제는 책에 색연필로 표시하고,
오답노트를 작성하거나 5회가 끝나면 다시 보도록 합니다.

02회 (13p)

① 4 ② 9 ③ 껌의 수 ④ 영어점수의 수 ⑤ 나비의 수
⑥ 여자 수 ⑦ 참석한 사람 수

⑧ 2, 1, $\frac{1}{2}$, 0.5 ⑫ 15, 6, $\frac{2}{5}$, 0.4

⑨ 1, 2, 2, 2 ⑬ 6, 15, $2\frac{1}{2}$, 2.5

⑩ 5, 4, $\frac{4}{5}$, 0.8 ⑭ 20, 100, 5, 5

⑪ 4, 5, $1\frac{1}{4}$, 1.25 ⑮ 100, 20, $\frac{1}{5}$, 0.2

03회 (14p)

① 비례식 ② $\frac{3}{4}$, $\frac{6}{8}$, $\frac{3}{4}$, 3:4=6:8

③ (1) 1:3=2:6 ④ 3,7 ⑧ 3,4 / 2,6
  (2) 5:11=10:22 ⑤ 1,5 ⑨ 9,15 / 5,27
  (3) 8:18=4:9 ⑥ 15,8 ⑩ 6,4 / 1,24
  ⑦ 6,4 ⑪ 3,7 / 21,1

04회 (15p)

① 비례식 ② $\frac{2}{1}$, $\frac{4}{2}$, $\frac{2}{1}$, 2:1=4:2

③ (1) 2:5=4:10 ④ 5,9 ⑩ 5,4 / 1,20
  (2) 1:4=2:8 ⑤ 7,4 ⑪ 4,12 / 24,2
  (3) 5:7=10:14 ⑥ 18,5 ⑫ 3,3 / 9,1
  (4) 4:3=8:6 ⑦ 27,6 ⑬ 2,100 / 10,20
  (5) 9:2=36:8 ⑧ 3,30 ⑭ 99,1 / 9,11
  (6) 15:3=5:1 ⑨ 100,1 ⑮ 24,6 / 144,1

05회 (16p)

① 최대공약수 : 4, 최소공배수 :12 ② 3,36 ③ 10,30
④ 6, 36 ⑤ 6,60 ⑥ 9,54

06회 (18p)

① 0이 아닌 같은 수 ⑥ 0이 아닌 같은 수
② 2, 8, 8 ⑦ 3, 1, 1
③ 8, 40, 40 ⑧ 3, 4, 4
④ 2, 4, 8, 16 ⑨ 2, 8, 4, 1
⑤ 8, 10, 40, 50 ⑩ 3, 6, 2, 1

07회 (19p)

① 0이 아닌 같은 수 ⑧ 0이 아닌 같은 수
② 2, 6, 6 ⑨ 2, 2, 2
③ 8, 48, 48 ⑩ 3, 5, 5
④ 14, 21 ⑪ 18, 3
⑤ 22, 33 ⑫ 2, 1
⑥ 16, 80 ⑬ 28, 8
⑦ 80, 200 ⑭ 20, 4

08회 (20p)

① 10, 2, 9 / 2, 9 ⑤ 24, 24, 4 / 9, 4
② 100, 5, 104 / 5, 104 ⑥ 15, 15, 6 / 6, 4
③ 100, 3, 250 / 3, 250 ⑦ 3, 3, 1 / 4, 1
④ 28, 28, 14 / 4, 14 ⑧ 4, 4, 4 / 4, 5

09회 (21p)

① 3:1 ⑥ 1:460 ⑪ 2:3 ⑯ 5:12
② 3:7 ⑦ 8:1 ⑫ 4:7 ⑰ 13:4
③ 4:7 ⑧ 1:20 ⑬ 15:2 ⑱ 5:2
④ 3:1 ⑨ 70:1 ⑭ 15:104 ⑲ 25:48
⑤ 1:2 ⑩ 5:6 ⑮ 5:3 ⑳ 12:85

소수와 분수가 같이 있는 비에서는 소수를 분수로 만들어 푸는 것이
더 쉽습니다. 분수를 소수로 바꿔 풀어도 됩니다.

10회(22p)

① 10 : 9　② 15 : 13　③ 4 : 3

생각문제의 마지막 04번은 내가 만드는 문제입니다.
내가 친구나 동생에게 문제를 낸다면 어떤 문제를 낼지
생각해서 만들어 보세요. 다 만들고, 풀어서 답을 적은 후
부모님이나 선생님에게 잘 만들었는지 물어보고, 자랑해 보세요.
곰곰히 생각해서 좋은 문제를 만들어 보세요!!!

11회(24p)

① 같으므로, 맞습니다.　⑥ 16
② 다르므로, 아닙니다.　⑦ 18
③ 같으므로, 맞습니다.　⑧ 21
④ 같으므로, 맞습니다.　⑨ 5
⑤ 다르므로, 아닙니다.　⑩ 4

12회(25p)

① ③ ④ ⑤ ⑥ 같으므로, 맞습니다.
② ⑦ 다르므로, 아닙니다.

⑧ 1　⑨ 10　⑩ 6　⑪ 12　⑫ 9　⑬ 27　⑭ 25

13회(26p)

① 15　② 32　③ 4.5　④ 2　⑤ 0.25　⑥ 1　⑦ 21

⑧ $1\frac{1}{2}$ (1.5)　⑨ 12　⑩ $\frac{5}{32}$　⑪ $1\frac{2}{3}$　⑫ $1\frac{2}{3}$　⑬ $1\frac{1}{5}$ (1.2)

14회(27p)

① 식) $2 : 900 = 3 : \square$　답) 1350 원
② 식) $5 : 8 = \square : 64$　답) 40 분
③ 식) $9 : 2160 = \square : 1200$　답) 5 자루

15회(28p)

① 식) $5 : 4 = \square : 20$　답) 25 cm
② 식) $15 : 27 = \square : 10$　답) 6 분
③ 식) $4 : 46 = 5 : \square$　답) 57.5 g ($57\frac{1}{2}$ g)

16회(30p)

①

형	1	2	3	4	5	6
동생	2	4	6	8	10	12
전체	3	6	9	12	15	18

② 6, 12　③ 4, 6　④ 합

⑤ 14, 6　⑥ $\frac{1}{4}$, 2, $8 \times \frac{3}{1+3} = 8 \times \frac{3}{4} = 6$

⑦ ① $\frac{5}{6}$, $\frac{1}{6}$　② $\frac{2}{9}$, $\frac{7}{9}$　③ $\frac{8}{11}$, $\frac{3}{11}$
　④ $\frac{1}{7}$, $\frac{6}{7}$　⑤ $\frac{9}{14}$, $\frac{5}{14}$　⑥ $\frac{13}{17}$, $\frac{4}{17}$

17회(31p)

① ① $\frac{1}{3}$, $\frac{2}{3}$　⑥ $\frac{3}{10}$, $\frac{7}{10}$
② $\frac{4}{7}$, $\frac{3}{7}$　⑦ $\frac{8}{17}$, $\frac{9}{17}$
③ $\frac{2}{7}$, $\frac{5}{7}$　⑧ $\frac{12}{17}$, $\frac{5}{17}$
④ $\frac{6}{7}$, $\frac{1}{7}$　⑨ $\frac{9}{22}$, $\frac{13}{22}$
⑤ $\frac{9}{13}$, $\frac{4}{13}$　⑩ $\frac{21}{25}$, $\frac{4}{25}$

② 1, 3　⑤ 4, 4
③ 4, 2　⑥ 12, 8
④ 3, 12　⑦ 25, 5
　　　　⑧ 9, 15

18회(32p)

① ① $\frac{2}{3}$, $\frac{1}{3}$　⑥ $\frac{1}{2}$, $\frac{1}{2}$
② $\frac{5}{7}$, $\frac{2}{7}$　⑦ $\frac{3}{11}$, $\frac{8}{11}$
③ $\frac{7}{8}$, $\frac{1}{8}$　⑧ $\frac{14}{23}$, $\frac{9}{23}$
④ $\frac{3}{7}$, $\frac{4}{7}$　⑨ $\frac{2}{17}$, $\frac{15}{17}$
⑤ $\frac{6}{11}$, $\frac{5}{11}$　⑩ $\frac{12}{25}$, $\frac{13}{25}$

② 4, 2　⑤ 9, 3
③ 15, 6　⑥ 5, 55
④ 28, 4　⑦ 77, 22
　　　　⑧ 40, 60

19회(33p)

① 식) $20 \times \frac{3}{5}$　답) 12 개

② 식) 미지 : $3000 \times \frac{4}{10}$　준희 : $3000 \times \frac{6}{10}$

　답) 미지 : 1200 원　준희 : 1800 원

③ 식) $1320 \times \frac{5}{11}$　답) 600 m

생각문제의 마지막 04번은 내가 만드는 문제를 꼭 만들어 풀어봅니다.
진짜 실력을 쌓을 수 있습니다.

20회(34p)

01 식) $16 \times \frac{1}{4}$ 답) 4 L

02 식) 가로 : $300 \times \frac{3}{5}$ 세로 : $300 \times \frac{2}{5}$

  답) 가로 : 180 m 세로 : 120 m

03 식) $45 \times \frac{8}{15}$ 답) 24 장

20회가 끝났습니다. 앞에서 말한 대로 확인페이지를 잘 적고, 개념 부분과 내가 잘 틀리는 것을 꼭 확인해 봅니다. 항상 복습하고, 틀린 부분이나 모자란 부분을 채우면 무엇이든 잘 할 수 있습니다.

21회(36p)

01 표, 막대그래프 **02** 표 **03** 막대그래프

04 막대그래프, 막대그래프, 표

05 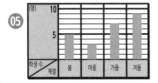 **06**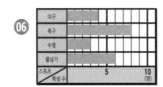

22회(37p)

01 꺾은선그래프 **02** 꺾은선그래프 **03** 낮은, 줄어, 중간값

04 ① 29,20

  ② 1,2,3,4

  ④ 1,2

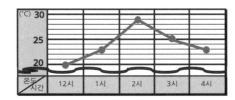

23회(38p)

01 표, 막대그래프, 꺾은선그래프 **02** 상대적인 크기, 수치의 크기, 많고 적음

03 시간, 늘어나고 줄어듦, 중간값 **04** 시간, 연속성

05 ① 2012,2015

  ② 2013

  ③ 2015,2016

  ④ 2014, 적을

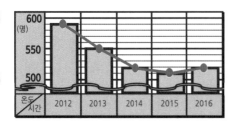

24회(39p)

01 표, 띠그래프 **02** 표 **03** 띠그래프 **04** 전체합계,100

05  **06**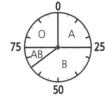

25회(40p)

01 원그래프 **02** 원그래프 **03** 전체합계,100 **04** 100

05 | 백분율(%) | 10 | 50 | 10 | 30 | 100 |

06 | 백분율(%) | 25 | 40 | 10 | 25 | 100 |

26회(42p)

01 1,2,2,2, 7 **02** 2,1,2,1,1, 7 **03** 2,1,2,3, 8

04 4,3, 7 **05** 5,2, 7 **06** 4,3,1, 8

27회(43p)

01 1,1,2,2, 6 **02** 2,1,2,1, 6 **03** 1,1,2,1,1, 6

04 1,2,3,1,2,1, 10 **05** 4,1, 5 **06** 5,2,1, 8

07 7,3,1, 11 **08** 9,8,1, 18

28회(44p)

01 1,2,2,3, 8 **02** 3,2,1,2, 8 **03** 2,1,2,2,1, 8

04 2,2,1,2,2,2, 11 **05** 4,3, 7 **06** 5,3,1, 9

07 6,3,1, 10 **08** 8,7,1, 16

29회(45p)

01 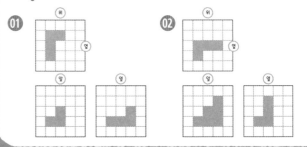 **02**

29회 (45p)

03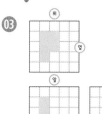
04
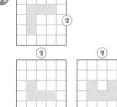

30회 (46p)

01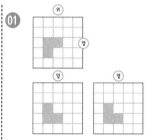
04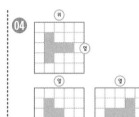

02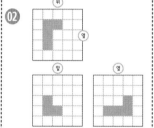
05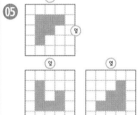

03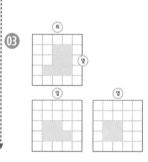
06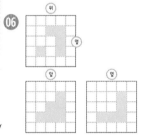

31회 (48p)

01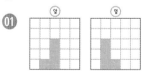
04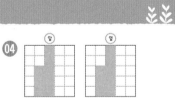

02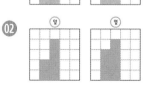
05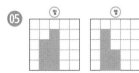

03
06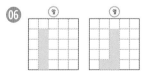

※ 쌓기나무의 모양이 같으면 바른 답 입니다.

32회 (49p)

01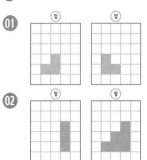
05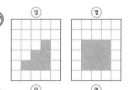

02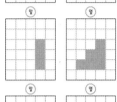
06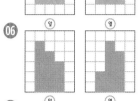

03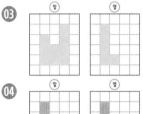
07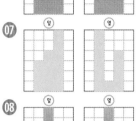

04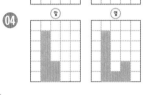
08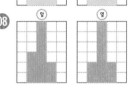

33회 (50p)

01 각기둥   02 밑면, 옆면, 모서리, 꼭짓점, 높이

03 전개도, 실, 점, 여러가지   04 같, 사각형, 같

34회 (51p)

01 각뿔   02 밑면, 옆면, 모서리, 꼭짓점,각뿔의 꼭지점, 높이

03 전개도, 실, 점, 여러가지   04 각뿔의 전개도, 삼각형, 같습, 1

35회 (52p)

01

삼각기둥	사각기둥	오각기둥	★각기둥
5	6	7	★+2
6	8	10	★×2
9	12	15	★×3

02 팔각기둥, 10, 16, 24

03 십각기둥, 12, 20, 30

04

삼각뿔	사각뿔	오각뿔	★각뿔
4	5	6	★+1
4	5	6	★+1
6	8	10	★×2

05 팔각뿔, 9, 9, 16

06 십각뿔, 11, 11, 20

벌써 35회까지 하였습니다. 정한 시간에 꾸준히 하고 있나요?
공부는 누가 더 복습을 잘하는 가에 실력이 달라집니다.

145

36회 (54p)

①

5	6	7	★+2
6	8	10	★×2
9	12	15	★×3
14	18	22	(★+2)+(★×3)

② 15, 17

③ 9, 구각기둥

④

4	5	6	★+1
4	5	6	★+1
6	8	10	★×2
10	13	16	(★+1)+(★×2)

⑤ 13, 14

⑥ 4, 사각뿔

37회 (55p)

① 원주, 원의 중심 ② 원주 ③ 원주율, 3.14

④ 3.14, 3.1

⑤ 6.28 ⑥ 18.84 ⑦ 10 ⑧ 2

38회 (56p)

① 18.84 ② 15.7 ③ 25.12 ④ 28.26 ⑤ 36.11

⑥ 7, 3.5 ⑦ 3.5, 1.75 ⑧ 9, 4.5

⑨ 1, 0.5 ⑩ 11, 5.5

39회 (57p)

① 반지름, 원주의 $\frac{1}{2}$ ② 원주, 반지름, 반지름, 반지름, 반지름

③ 반지름

④ 28.26 ⑤ 3.14 ⑥ 50.24 ⑦ 19.625

40회 (58p)

① 15.7, 19.625 ② 28.26, 63.585 ③ 37.68, 113.04

④ 25.12, 50.24 ⑤ 34.54, 94.985

⑥ 1, 3.14 ⑦ 7, 153.86 ⑧ 9, 254.34

⑨ 10, 314 ⑩ 3.5, 38.465

41회 (60p)

① 원기둥, 원, 직사각형 ② 옆면, 밑면, 높이 ③ 2

④ 전개도, 1, 2 ⑤ 직사각형, 원, 둘레, 높이 ⑥ 합동

42회 (61p)

① 3, 3, 27.9 ② 3, 7, 130.2 ③ 27.9, 130.2, 186

④ 403   (5×5×3.1)×2+(5×2×3.1)×8

⑤ 74.4   (2×2×3.1)×2+(2×2×3.1)×4

43회 (62p)

① 4, 4, 49.6 ② 4, 5, 124 ③ 49.6, 124, 223.2

④ 595.2 (6×6×3.1)×2+(6×2×3.1)×10

⑤ 62   ⑥ 167.4   ⑦ 403

44회 (63p)

① 원주율, 원주, 3, 18.6 ② 18.6, 3, 27.9

③ 27.9, 5, 139.5

④ 620   (5×2×3.1)×$\frac{1}{2}$×5×8

⑤ 195.3   (3×2×3.1)×$\frac{1}{2}$×3×7

45회 (64p)

① 원주율, 원주, 10, 62 ② 62, 10, 310

③ 310, 20, 6200

④ 775   (5×2×3.1)×$\frac{1}{2}$×5×10

⑤ 248   ⑥ 74.4   ⑦ 892.8

46회(66p)

① 24.8, 9.3   ② 341, 465

③ 347.2, 496   ④ 694.4, 1190.4

47회(67p)

① 148.8, 124   ② 93, 55.8

③ 1860, 6200   ④ 341, 465

48회(68p)

① 원뿔, 삼각형, 굽은면   ② 꼭지점, 옆면, 밑면, 높이, 모선

③ 원뿔, 원기둥   ④ 1, 원, 다각형, 굽은면, 삼각형

⑤ 원, 1, 2, 원뿔, 원기둥

49회(69p)

① 구, 같습니다.   ② 중심, 반지름

③ 원기둥, 원뿔, 구   ④ 굽은면, 공, 기둥, 구, 원기둥

⑤ 굽은면, 공, 뿔, 구, 원뿔   ⑥ 굽은

50회(70p)

① 원기둥 / 원, 2, 높이   ③ 396.8cm³

    원뿔   / 뿔, 1, 모선   ④ 1cm (모선 5cm, 높이 4cm)

    구   / 공, 0, 반지름   ⑤ 구 / 5cm

② 원기둥 / 직사각형

    원뿔   / 직각삼각형

    구   / 반원

이제 초등수학을 모두 배웠습니다.
지금까지 배운 초등수학을 총 복습하고
중학교 수학을 준비합니다.!!!

스스로 알아서 하는

하루 10분 수학

초등수학 총정리 정답지

51회(72p) 5단계 3-1과정

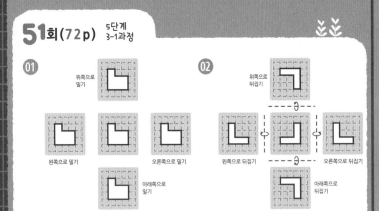

01

52회(73p) 5단계 3-1과정

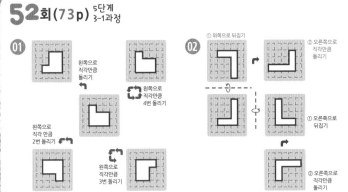

01 02

53회(74p) 5단계 3-1과정

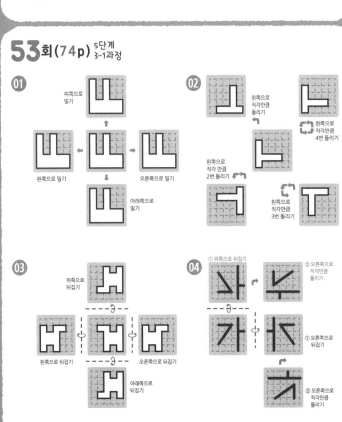

01 02

03 04

54회(75p) 5단계 3-1과정

01 7,11,10 **02** 8,27,32 **03** 6,17,32

04 2,19,50 **05** 2,44,55 **06** 2,42,49

55회(76p) 5단계 3-1과정

01 7,200 **02** 8,205 **03** 4,430 **04** 7,256

05 3,700 **06** 4,750 **07** 1,550 **08** 2,639

56회(78p) 6단계 3-2과정

01 3,1 **02** 3,1 **03** 3,1 **04** 2,5

05 6…2, 6,2 **06** 9…3, 9,3

07 3…8, 3,8 **08** 6…2, 6,2 **09** 6…3, 6,3

57회(79p) 6단계 3-2과정

01 6…1, 6,1 **02** 7…2, 7,2

03 9…3, 9,3 **04** 4…4, 5×4+4=24

05 6…2,6×6+2=38 **06** 5…5, 7×5+5=40

07 63÷8=7…7, 8×7+7=63

08 76÷9=8…4, 9×8+4=76

09 19÷2=9…1, 2×9+1=19

58회(80p) 6단계 3-2과정

01 12, 6, 12, 6 (12, 16, 38,32, 6)

02 21,12, 21,12 (21, 48, 36,24, 12)

03 33,11, 33,11 (33, 54, 65,54, 11)

04 13,25, 13,25 (13, 35, 130,105, 25)

05 12,13, 12,13 (12, 42, 97,84, 13)

06 21,26, 21,26 (21, 72, 62,36, 26)

그 당시에는 어려웠지만, 지금 풀어보니 쉽나요?
이렇게 복습하면서 수학에 자신감을 가집니다!!!
더 알고 싶은 내용은 꼭 찾아서 더 보도록 합니다.

59회(81p) 6단계 3-2과정

① 32, 9, 23×32+ 9=745
② 29, 12, 16×29+12=476
③ 21, 7, 45×21+ 7=952
④ 12, 16, 54×12+16=664
⑤ 21, 27, 36×21+27=783
⑥ 13, 15, 27×13+15=366
⑦ 12, 33, 63×12+33=789
⑧ 26, 15, 19×26+15=509
⑨ 17, 13, 38×17+13=659

60회(82p) 7단계 4-1과정

① 31, 14911 ② 26, 3510 ③ 36, 18972
④ 20, 8020 ⑤ 39, 12012 ⑥ 37, 10656

61회(84p) 7단계 4-1과정

① 각도, 1도 ② 큰각 ③ 90°, 예각, 둔각
④ 꼭짓점 ⑤ 60°, 예각 ⑥ 130°, 둔각
⑦ 30°, 예각 ⑧ 100°, 둔각

62회(85p) 7단계 4-1과정

① 90° ② 130° ③ 40° ④ 141°
⑤ 50° ⑥ 60° ⑦ 47° ⑧ 29°

63회(86p) 7단계 4-1과정

① 60°
② 55°, □+90°+35°=180°, □=180°-90°-35°
③ 45°, □+45°+90°=180°, □=180°-45°-90°
④ 105°, □+30°+45°=180°, □=180°-30°-45°
⑤ 37°, □+96°+47°=180°, □=180°-96°-47°
⑥ 45°, □+58°+77°=180°, □=180°-58°-77°

64회(87p) 7단계 4-1과정

① 90°
② 135°, □+45°+90°+90°=360°, □=360°-45°-90°-90°
③ 100°, □+45°+125°+90°=360°, □=360°-45°-125°-90°
④ 105°, □+115°+75°+65°=360°, □=360°-115°-75°-65°
⑤ 55°, □+105°+55°+145°=360°, □=360°-105°-55°-145°
⑥ 100°, □+115+55°+90°=360°, □=360°-115°-55°-90°

65회(88p) 7단계 4-1과정

① 예각, 둔각, 직각 ② 이등변, 정 ③ 예각
④ 예각삼각형, 이등변삼각형 ⑤ 둔각삼각형, 이등변삼각형
⑥ 예각삼각형, 정삼각형(이등변) ⑦ 직각삼각형, 이등변삼각형

66회(90p) 7단계 4-1과정

① 40 ② 27 ③ 16 ④ 81
⑤ 0 ⑥ 27 ⑦ 54 ⑧ 81

67회(91p) 7단계 4-1과정

① 100 ② 24 ③ 1 ④ 3000
⑤ 1 ⑥ 24 ⑦ 16 ⑧ 3000

68회(92p) 7단계 4-1과정

① 65, 36, 72 ② 82 ③ 15 ④ 4
⑤ 0 ⑥ 20 ⑦ 60 ⑧ 4

69회(93p) 7단계 4-1과정

① 3, 38, 48 ② 60 ③ 2
④ 15, 1, 36 ⑤ 28 ⑥ 52

70회(94p) 7단계 4-1과정

① 396, 22, 13 ② 14 ③ 41 ④ 0
⑤ 9, 396, 44 ⑥ 1 ⑦ 8 ⑧ 400

71회(96p) 8단계 4-2과정

① 소수　② 0.7, 영점 칠　③ 5, 15, 1.5　④ 2.4

⑤ 3, 0.3, 38, 삼점 팔　⑥ $\frac{3}{10}$, 0.3, 영점 삼

⑦ 9　⑧ 2　⑨ 76, 7, 6　⑩ 83, 8.3

72회(97p) 8단계 4-2과정

① 5.67, 56.7, 567　② 0.26, 2.6, 26　③ 0.05, 0.5, 5

④ 120.21, 1202.1, 12021　⑤ 30002, 3000.2, 300.02

⑥ 345.6, 34.56, 3.456　⑦ 59.2, 5.92, 0.592

⑧ 3.1, 0.31, 0.031　⑨ 8901.7, 890.17, 89.017

⑩ 50.008, 500.08, 5000.8

73회(98p) 10단계 5-2과정

① 0.8　④ 0.75　⑦ 1.4

② 0.5　⑤ 1.6　⑧ 0.8

③ 0.4　⑥ 3.75　⑨ 2.25

74회(99p) 10단계 5-2과정

① 1.5　⑤ 0.36　⑨ 0.875

② 1.6　⑥ 3.75　⑩ 0.375

③ 2.8　⑦ 2.25　⑪ 0.575

④ 3.5　⑧ 1.65　⑫ 1.125

75회(100p) 10단계 5-2과정

① 평균, 자료값의 합, 자료의 수　③ 평균　⑤ 73.6

② 자료값의 합, 자료의 수, 자료의 합　④ 25　⑥ 35

76회(102p) 8단계 4-2과정

① 수직, 거리　② 평행선, ㄱㄷ　③ 10, 15　④ 1.5

⑤ 자로 길이를 재서 그려보세요.　⑥ 원이나 둥근모양이 들어가면 안돼요^^

77회(103p) 8단계 4-2과정

① 60°　② 60°　③ 60°　④ 135°　⑤ 130°　⑥ 99°

78회(104p) 8단계 4-2과정

① 사다리꼴　② 평행사변형　③ 마름모

④ 직사각형　⑤ 정사각형　⑥ 정사각형,

　사다리꼴, 평행사변형, 마름모, 직사각형, 정사각형

79회(105p) 8단계 4-2과정

① 108°　② 119°　③ 69°　④ 75°

⑤ 59°　⑥ 143°　⑦ 68°　⑧ 149°

80회(106p) 8단계 4-2과정

① 이상, 이하, 초과, 미만　② 36 40

③ 59 61　④ 70 85　⑤ 95 101

⑥ 18, 39, 18.01　⑦ 100.01, 91.01, 119, 118.9

⑧ 43.92, 30.8, 29.10, 53.9　⑨ 89, 90, 91, 92　⑩ 122

81회(108p)

01 2 , 150　02 4 , 40　03 3 , 36　04 7 , 147
05 5 , 150　06 8 , 48　07 8 , 224　08 3 , 120
09 6 , 198　10 3 , 240　11 3 , 210　12 8 , 40

82회(109p)

01 2,3,6　02 2,3,4, 6,9,12　03 2,3,4, 8,12,16
04 8,4,2　05 2,3,6, 9,6,3　06 2,5,10, 10,4,2

83회(110p)

01 $4, \frac{1}{2}, \frac{1}{2}$　02 $8, \frac{1}{3}, \frac{1}{3}$　03 $3, \frac{3}{4}, \frac{3}{4}$　04 $10, \frac{1}{5}, \frac{1}{5}$
05 $6, \frac{2}{3}, \frac{2}{3}$　06 $5, \frac{3}{7}, \frac{3}{7}$　07 $6, \frac{3}{5}, \frac{3}{5}$　08 $4, \frac{5}{9}, \frac{5}{9}$
09 $8, \frac{3}{4}, \frac{3}{4}$　10 $5, \frac{5}{8}, \frac{5}{8}$

84회(111p)

01 2,3,4,5,6, 4,6,8,10,12, (3, 4),(6, 8)
02 2,3,4,5,6, 2,3,4,5,6, (2, 1),(4, 2)
03 (4, 9),(8,18)　04 $(6, \frac{3}{10}),(12, \frac{6}{20})$
05 $(2, \frac{5}{6}),(4, \frac{10}{12})$　06 $(3, \frac{6}{12}),(6, \frac{12}{24})$
07 $(6, \frac{8}{18}),(12, \frac{16}{36})$　08 $(3, \frac{10}{24}),(6, \frac{20}{48})$

85회(112p)

01 $16,(\frac{8}{8}, \frac{2}{2}),(\frac{8}{16}, \frac{14}{16})$　02 $15,(\frac{5}{5}, \frac{3}{3}),(\frac{10}{15}, \frac{3}{15})$
03 $28,(\frac{7}{7}, \frac{4}{4}),(\frac{21}{28}, \frac{16}{28})$　04 $24,(\frac{4}{4}, \frac{6}{6}),(\frac{21}{28}, \frac{16}{28})$
05 $48,(\frac{6}{6}, \frac{8}{8}),(\frac{18}{48}, \frac{8}{48})$　06 $27,(\frac{9}{9}, \frac{3}{3}),(\frac{9}{27}, \frac{6}{27})$
07 $21,(\frac{3}{3}, \frac{7}{7}),(\frac{15}{21}, \frac{7}{21})$　08 $40,(\frac{5}{5}, \frac{8}{8}),(\frac{15}{40}, \frac{32}{40})$

86회(114p)

01 $4,(\frac{2}{2}, \frac{1}{1}),(\frac{2}{4}, \frac{3}{4})$　02 $6,(\frac{2}{2}, \frac{1}{1}),(\frac{4}{6}, \frac{1}{6})$
03 $8,(\frac{2}{2}, \frac{1}{1}),(\frac{6}{8}, \frac{7}{8})$　04 $35,(\frac{7}{7}, \frac{5}{5}),(\frac{14}{35}, \frac{25}{35})$
05 $18,(\frac{3}{3}, \frac{2}{2}),(\frac{3}{18}, \frac{14}{18})$　06 $20,(\frac{5}{5}, \frac{2}{2}),(\frac{15}{20}, \frac{6}{20})$
07 $36,(\frac{4}{4}, \frac{3}{3}),(\frac{8}{36}, \frac{15}{36})$　08 $24,(\frac{4}{4}, \frac{3}{3}),(\frac{20}{24}, \frac{3}{24})$

87회(115p)

01 $3\frac{3}{4}$　04 $6\frac{8}{21}$　07 $5\frac{3}{10}$　10 $4\frac{23}{24}$
02 $3\frac{1}{7}$　05 $4\frac{3}{28}$　08 $2\frac{1}{20}$　11 $4\frac{8}{9}$
03 $3\frac{3}{8}$　06 $5\frac{1}{10}$　09 $3\frac{1}{2}$　12 $5\frac{5}{6}$

88회(116p)

01 $2\frac{2}{3}$　04 $\frac{17}{21}$　07 $1\frac{7}{10}$　10 $\frac{2}{3}$
02 $\frac{6}{7}$　05 $2\frac{17}{28}$　08 $4\frac{3}{4}$　11 $2\frac{8}{9}$
03 $2\frac{7}{8}$　06 $\frac{3}{10}$　09 $1\frac{1}{2}$　12 $\frac{5}{6}$

89회(117p)

01 평행, 3　　02 8, 3, 직각, 4
03 전개도, 실, 점, 여러가지　04 같, 같, 3

90회(118p)

01 2, 가로, 세로, 2　　02 (6+4)×2=20, (2+3)×2=10
03 4, 3×4=12　04 곱, ×　05 6×4=24　2×3=6
06 3×3=9

91회 (120p) 9단계 5-1과정

① 4×5, 20 ② 5×2, 10 ③ 4×3, 12 ④ 4×5, 20
⑤ 5×3, 15 ⑥ (9×6)÷2, 27 ⑦ (12×4)÷2, 24
⑧ (8×8)÷2, 32 ⑨ (14×8)÷2, 56 ⑩ (7×4)÷2, 14

92회 (121p) 9단계 5-1과정

① (2+8)×5÷2, 25 ② (4+9)×6÷2, 39
③ (14+8)×7÷2, 77 ④ (18+24)×12÷2, 252
⑤ (4+1)×2÷2, 5 ⑥ (4×7)÷2, 14 ⑦ (5×2)÷2, 5
⑧ (12×6)÷2, 36 ⑨ (12×8)÷2, 48 ⑩ (8×8)÷2, 32

93회 (122p) 9단계 5-1과정

① 직사각형, 48 ② 평행사변형, 63 ③ 삼각형, 10
④ 사다리꼴, 36 ⑤ 마름모, 22.5 ⑥ 정사각형, 100
⑦ 직각삼각형, 63 ⑧ 마름모, 80 ⑨ 평행사각형, 156
⑩ 사다리꼴, 135

94회 (123p) 10단계 5-2과정

① 소수 ② 0.2 영점이, 0.02, 0.002 영점영영이
③ 0.1 ④ 3, 0.2, 0.07, 8, 0.007 ⑤ $\frac{7}{10}$, 0.7
⑥ 0.27 ⑦ 3.476 ⑧ 10, 100, 100 ⑨ 129, $\frac{7129}{1000}$
⑩ $\frac{257}{1000}$, 257

95회 (124p) 10단계 5-2과정

① 5 ② 5 ③ 5 ④ 25 ⑤ 25 ⑥ 2
⑦ 2 ⑧ 2 ⑨ 4 ⑩ 4 ⑪ 125 ⑫ 8
⑬ 0.5 ⑭ 0.2 ⑮ 0.05 ⑯ 0.25 ⑰ 0.025
⑱ 0.125 ⑲ 0.004 ⑳ 0.008

96회 (126p) 10단계 5-2과정

① 1,2 ② 1,4 ③ 1,5 ④ 1,8 ⑤ 1,20
⑥ 1,25 ⑦ 1,40 ⑧ 1,50 ⑨ 1,200 ⑩ 1,500
⑪ 1,2, 1.5 ⑫ 1,4, 3.25 ⑬ 1,5, 2.2 ⑭ 1,8, 5.12
⑮ 1,20, 4.05 ⑯ 1,25, 6.04 ⑰ 1,40, 2.025
⑱ 1,50, 1.02 ⑲ 1,200, 4.005 ⑳ 1,500, 7.002

97회 (127p) 10단계 5-2과정

① 145.6 ④ 717.6 ⑦ 770
  14.56   71.76   77
  1.456   7.176   7.7

② 39.9 ⑤ 842.7 ⑧ 800
  3.99   8427   80
  0.399   842.7   8

③ 8904 ⑥ 1350 ⑨ 405
  890.4   135   405
  8.904   13.5   4.05

98회 (128p) 10단계 5-2과정

① 5.65 ⑦ 6.25 ⑬ 0.65
② 2.65 ⑧ 2.72 ⑭ 0.45
③ 4.12 ⑨ 4.95 ⑮ 0.55
④ 3.15 ⑩ 3.85 ⑯ 0.32
⑤ 625, 0.625 ⑪ 565, 5.65 ⑰ 25, 0.25
⑥ 835, 0.835 ⑫ 702, 7.02 ⑱ 85, 0.85

99회 (129p) 9단계 5-1과정

① $\frac{4}{5}$ ② $1\frac{2}{3}$ ③ $\frac{1}{18}$ ④ $\frac{3}{56}$ ⑤ $7\frac{1}{4}$
⑥ $16\frac{2}{5}$ ⑦ $2\frac{1}{2}$ ⑧ $3\frac{1}{3}$ ⑨ $1\frac{3}{7}$ ⑩ $\frac{2}{3}$
⑪ $7\frac{1}{3}$ ⑫ $11\frac{2}{3}$ ⑬ 28 ⑭ $5\frac{1}{10}$ ⑮ $9\frac{5}{8}$
⑯ $5\frac{3}{25}$ ⑰ $4\frac{2}{3}$ ⑱ $3\frac{1}{7}$ ⑲ $17\frac{5}{9}$ ⑳ $3\frac{4}{1}$

① $\dfrac{2}{3}$ ② 3 ③ $\dfrac{3}{4}$ ④ $\dfrac{8}{9}$

⑤ $\dfrac{5}{12}$ ⑥ 6 ⑦ $\dfrac{5}{18}$ ⑧ $1\dfrac{17}{25}$

⑨ $\dfrac{1}{4}$ ⑩ $5\dfrac{5}{8}$ ⑪ $\dfrac{3}{14}$ ⑫ $\dfrac{3}{4}$

⑬ $\dfrac{1}{3}$ ⑭ $3\dfrac{1}{3}$ ⑮ $\dfrac{9}{32}$ ⑯ $1\dfrac{1}{9}$

♡ **수고하셨습니다.** ♡

총정리 문제에서 어려운 문제는 다시 확인합니다.
공부는 복습이 아주 중요합니다!!!

12단계(6학년 2학기) 총정리 8회분 정답지

101회(총정리1회, 133p) 11단계 6-1과정

01 0.8 02 0.9 03 220 04 200
05 240 06 6 07 2 08 10
09 0.4 10 0.6 11 0.08 12 1.6 13 2.1

102회(총정리2회, 134p) 11단계 6-1과정

01 0.4 ⋯ 0.2, 검산) 6×0.4+0.2=2.6

02 0.5 ⋯ 0.1, 검산) 8×0.5+0.1=4.1

03 1.2 ⋯ 0.6, 검산) 12×1.2+0.6=15

04 1.4 ⋯ 0.04, 검산) 3.4×1.4+0.04=4.8

05 2.1 ⋯ 0.08, 검산) 5.2×2.1+0.08=11

06 0.8 ⋯ 0.04, 검산) 0.9×0.8+0.04=0.76

07 1.8 ⋯ 0.2, 검산) 7.2×1.8+0.2=13.16

08 4.2 ⋯ 0.02, 검산) 8.4×4.2+0.02=35.3

09 3.9 ⋯ 0.05, 검산) 4×3.9+0.05=15.65

103회(총정리3회, 135p) 11단계 6-1과정

01 $1\frac{7}{12}$ 02 $3\frac{4}{15}$ 03 $2\frac{1}{18}$ 04 3

05 $\frac{3}{4}$ 06 $3\frac{11}{24}$ 07 $\frac{16}{45}$

104회(총정리4회, 136p) 12단계 6-2과정

01 3:1 06 1:5 11 2:1 16 1:6
02 1:11 07 100:1 12 7:6 17 2:1
03 1:3 08 1:20 13 9:2 18 1:1
04 9:1 09 70:1 14 12:55 19 5:9
05 1:210 10 10:11 15 3:4 20 3:25

105회(총정리5회, 137p) 12단계 6-2과정

01 8 02 72 03 4.5 04 2 05 0.2 06 2 07 18

08 $1\frac{1}{2}$ (1.5) 09 12 10 $\frac{1}{16}$ 11 $1\frac{2}{3}$ 12 $\frac{2}{3}$ 13 $\frac{3}{100}$ (0.03)

14 $9\frac{9}{10}$ (9.9)

106회(총정리6회, 138p) 12단계 6-2과정

01 ① $\frac{1}{2}$, $\frac{1}{2}$ ⑥ $\frac{5}{6}$, $\frac{1}{6}$
② $\frac{3}{5}$, $\frac{2}{5}$ ⑦ $\frac{2}{11}$, $\frac{9}{11}$
③ $\frac{5}{12}$, $\frac{7}{12}$ ⑧ $\frac{12}{16}$, $\frac{4}{16}$
④ $\frac{4}{10}$, $\frac{6}{10}$ ⑨ $\frac{8}{27}$, $\frac{19}{27}$
⑤ $\frac{9}{10}$, $\frac{1}{10}$ ⑩ $\frac{25}{40}$, $\frac{15}{40}$

02 6, 2 05 10, 2
03 4, 8 06 24, 36
04 12, 18 07 50, 50
08 98, 2

107회(총정리7회, 139p) 12단계 6-2과정

01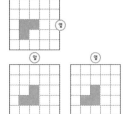

04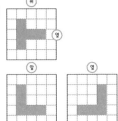

02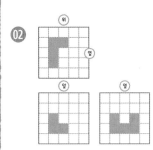

05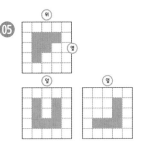

03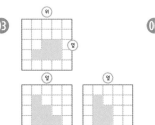

06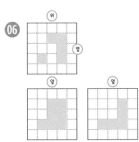

108회(총정리8회, 140p) 12단계 6-2과정

01 2512, 9420 02 34540, 471000

03 35168, 502400 04 70336, 1205760

♡ 정말 수고하셨습니다. ♡

이제 초등수학을 완전히 습득하였습니다
수학에 자신감을 가져도 됩니다. 파이팅!!